奋斗到打工皇帝需要具备什么

周锡冰●著

时代出版传媒股份有限公司
北京时代华文书局

图书在版编目（CIP）数据
奋斗到打工皇帝需要具备什么？/周锡冰著. -- 北京 : 北京时代华文书局, 2014.5
ISBN 978-7-80769-605-6

Ⅰ.①奋… Ⅱ.①周… Ⅲ.①成功心理－通俗读物 Ⅳ.①B848.4-49

中国版本图书馆CIP数据核字（2014）第087734号

奋斗到打工皇帝需要具备什么?

作　　者 | 周锡冰
出 版 人 | 田海明　朱智润
统筹监制 | 王　水
责任编辑 | 王　水　杨　霄
责任印制 | 刘　银　訾　敬
营销推广 | 杨　霄

出　　版 | 时代出版传媒股份有限公司　http://www.press-mart.com
北京时代华文书局 http://www.bjsdsj.com.cn
北京市东城区安定门外大街136号皇城国际大厦A座8楼　邮编：100011
发　　行 | 北京时代华文书局图书发行部（010）64267120　64267397
印　　刷 | 北京朝阳新艺印刷有限公司　电话：（010）87704412
（如发现印装质量问题，影响阅读，请与印刷厂联系调换）

开　　本 | 880mm×1230mm　1/32
印　　张 | 8.25
字　　数 | 189千字
版　　次 | 2014年7月第1版　2014年7月第1次印刷
书　　号 | 978-7-80769-605-6
定　　价 | 28.00元

前言

21世纪的今天，在职场中打拼的你，如果遭遇职场寒冬晋升无望，如果每周五天都对自己的工作缺乏激情，如果在面试、和老板相处、跳槽三大职场关卡前困惑徘徊，如果对未来充满彷徨，如果面临职业瓶颈……

如果你真的遭遇上述种种情形，那么，请翻开《奋斗到打工皇帝，需要具备什么？》的第一页开始阅读，直到读完全书，相信你已经成为一位对未来充满希望的准打工皇帝了。

打工皇帝当然有其修炼之道。在很多场合，新华都集团总裁兼

CEO、素有打工皇帝之称的唐骏就分享过他的成功经验。也就是说，只要潜心修炼，下一个打工皇帝或许就是您。

打工皇帝们之所以令人羡慕，不仅因为他们全都身价千万，更由于他们都已经攀上职业经理人的最高峰，其体现的价值已不是金钱所能衡量的。

那么，对一个职业经理人来说，要想成为打工皇帝，需要具备什么条件呢？对此，唐骏在接受采访时指出，修炼成打工皇帝必须走好以下四步：

第一步，清晰的职业生涯规划。的确，要想成为一名出色的打工皇帝，科学合理的职业生涯规划既是职业发展的头等大事，也是每一个优秀打工皇帝的必经过程。简言之，职业生涯规划，就是每一个人根据自己的实际工作能力和专业知识，大致设计好一个自己将要为之奋斗的目标，即自己以后要走的路。它的核心是根据自己的性格、特长、兴趣、爱好，以及所受的教育程度，也包括家庭的背景和行业现状等主客观因素，最终找一个适合自己长期发展的工作路线。当然，这不是说有规划的职业生涯就一定会成为一个标杆式的打工皇帝。成为一个标杆式的打工皇帝不仅需要科学合理的职业生涯规划，还需要职场人士更多的辛勤耕耘；也不是说职场人士没有规划的职业生涯就注定失败。

第二步，找对老板。要想成为一名打工皇帝，前提是找到一个像比尔·盖茨、李嘉诚、王永庆、柳传志一样的好老板。作为职场人士，如果你是一位职业经理人，那么选对老板对于你成为打工皇帝是非常关键的。大多数情况下，一个职业经理人，最怕的就是选错了老板，从而白白浪费自己的精力，耽误自身前途。我们知道，项羽的谋士范增是一个不可多得的谋士，可惜他选错了老板，结果命运凄惨；张良选对了老板，结果名利双收。官渡之战中，许攸建议袁绍派轻骑趁夜突袭许昌，袁绍不予采纳，结果错失战机。随后，许攸投奔曹操，献计奇袭乌巢，结果曹操大胜，袁绍大败。许攸因此名垂青史。从这些历史的案例中，我们能看到这样一个事实，那就是：你要成为具有标杆式意义的打工皇帝，就必须选对老板，因为好老板才有可能让你成为打工皇帝。因此，职业经理人要想成为打工皇帝，认清老板是首要的。

第三步，感动你的老板。要想成为一位打工皇帝，必须先感动老板，对此，本书教你从七个方面来感动老板——用每一个细节感动你的老板、用忠诚感动你的老板、用责任心来感动老板、用老板心态来感动老板、用100%工作激情来感动老板、用只为成功找方法来感动老板、用时刻维护企业形象来感动老板。其实，感动老板的方法还有很多，由于篇幅有限，我们只列举了这几种方法。

第四步，玩转职场。要想成为一位打工皇帝，玩转职场也是必须的。本书总结了任何时候都要保全老板的面子、强者面前要示弱、与老板保持足够的距离等方面的经验。

在这里，感谢“财富商学院书系”、“火凤凰财经书系”的优秀工作人员，他们也参与了本书的前期策划、市场论证、资料收集、书稿校对、文字修改、图表制作。参与本书的人员有：周锡冰、赵丽蓉、周斌、金易、何庆、李嘉燕、陈德生、丁芸芸、徐思、李艾丽、李言、黄坤山、李文强、陈放、赵晓棠、熊娜、周芝琴、周凤琴、苟斌、佘玮、欧阳春梅、文淑霞、占小红、史霞、杨丹萍、沈娟、刘炳全、吴雨来、王建、庞志东、姚信誉、周晶晶、蔡跃、姜玲玲等。

任何一本书的写作，都是建立在许多人的研究成果基础之上的。本书在写作过程中，笔者也参阅了相关资料，包括电视、图书、网络、报纸、杂志等资料。所参考的文献，凡属专门引述的，我们尽可能注明了出处，其他情况则在书后附注的参考文献中列出。在此向有关文献的作者表示诚挚的谢意！如有疏漏之处还望原谅。在此，敬请有关文献作者海涵为盼，并请告知我们，以便在本书修订过程中及时改正。

本书在出版过程中得到了许多教授、企业总裁、职业经理人、媒体朋友、人力资源管理专家、培训师、咨询师、业内人士，以及出版社编辑等各界人士的大力支持和热心帮助，在此表示衷心的感谢。由于时间仓促，书中纰漏在所难免，欢迎读者批评指正。（E-mail：zhouyusi@sina.com.cn）

周锡冰

2012年4月10日于北京紫竹院公园

目录

【第一章】在职场上混，就要混到皇帝的份儿

你想成为什么样的人？面对众多职业选择，你如何作出自己的职业抉择？当你已经作出了职业抉择，如何到达你的职业目的地？回答这些关于你未来职业问题的最好答案，就是制订出你自己的职业规划。一个清晰的职业规划可以帮助你一步一步接近并达成职业目标。

——《如何制订个人职业生涯规划》

【第二章】找对适合自己的老板

一个好的老板，他一般来说是一个老师、一个教练、一个朋友、一个力量的源泉，有事会找到他，你从他那里回来就特别精神，积极性就上来。所以想找一个好的老板，他具有这些部分，你就成功了一半。

——新闻集团全球副总裁兼星空传媒（中国）CEO 高群耀

【第三章】 既要会干，还要会表现

老板是需要感动的，只要你感动了老板，你就已经离打工皇帝不远了。

——新华都集团总裁兼CEO 唐骏

【第四章】 玩转属于自己的职场

感动老板是第三步，接下来的第四步就是玩转属于自己的职场了。

——新华都集团总裁兼CEO 唐骏

【第一章】

在职场上混，就要混到皇帝的份儿

你想成为什么样的人？面对众多职业选择，你如何作出自己的职业抉择？当你已经作出了职业抉择，如何到达你的职业目的地？回答这些关于你未来职业问题的最好答案，就是制订出你自己的职业规划。一个清晰的职业规划可以帮助你一步一步接近并达成职业目标。

——《如何制订个人职业生涯规划》

一、打工皇帝怎样炼成？

要想成为一位出色的打工皇帝，科学合理的职业生涯规划既是个人职业发展的头等大事，也是每一个优秀打工皇帝的必经过程。简言之，这里所说的职业生涯规划就是指：根据自身所学的专业知识、个人性格、职业喜好，及其当前实际工作能力等方面的因素，制订一个在未来一段时间里为之奋斗的目标。有人把这个目标定位为打工皇帝。制订这个职业目标后，就必须设计几个方案，来实现打工皇帝这个职业目标。当然，需要提醒的是，把职业目标定位为打工皇帝，这个职业目标不是天马行空的胡乱设想，而是必须根据“立志成为打工皇帝”者自身的性格、特长、兴趣、沟通能力，以及所受教育程度等多方面的因素，最终制订出一条科学合理的、适合自己的长期工作发展的路线图。

1.先对人生进行职业规划

清晰的职业规划是成为打工皇帝的前提，美国《商业周刊》在研究过美国352名职业经理人的工作经历后发现：这352名职业经理人大学毕业时就已经制订了自己清晰的职业生涯规划。这352名职业经理人在接受《商业周刊》采访时也坦言，他们能成为一名出色的职业经理人要归功于当初清晰的职业规划。

从《商业周刊》的研究中我们不难理解，明晰的职业规划有利于职业目标的制订。当然，这也是成为一位标杆式打工皇帝不可或缺的一个环节。特别是在竞争如此激烈、就业形势如此严峻的今天，职业规划成为立志做职业经理人的一个必须制订的人生蓝图。

研究发现，科学合理的职业规划，不仅能够帮助有志于成为职业经理人的员工成为标杆式的打工皇帝，而且还可以促进更多人，包括大学生、中专生、高职生等各类毕业生的就业。

据向阳生涯职业咨询机构连续5年的分析数据显示，随着大学生、中专生、高职生等各类求职者对职业规划的认同越来越强，制订职业规划的趋势正在逐年上升。

众所周知，清晰的职业定位是每一个立志成为职业经理人的员工迈向打工皇帝的第一步。对此，上海向阳生涯管理咨询有限公司首席职业规划师洪向阳在接受媒体采访时强调：“在国务院多项旨在大力促进社会就业的政策背景下，近期教育部将职业规划课程纳入高校选修、必修课这一举措，将直接把职业规划由零散的个人行为逐步上升到政府引导下的全民行为，可以说，一定程度上它标志着中国已经进入了全民职业规划时代（见图1–1）。”

关于职业规划，中国职业规划师洪向阳是这样定义的："职业规划简单地说，就是'定位+目标+通道'，主要帮助人们解决三个问题：一是明确职业定位；二是确立清晰的职业目标；三是寻求最佳的发展通道。"

从洪向阳的定义中可以得知，职业规划包括三个方面：职业

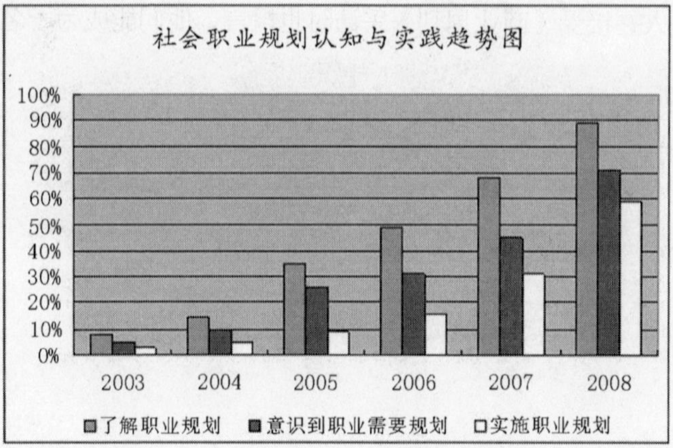

图1-1　社会职业规划认知与实践趋势图

定位、职业目标、发展通道。那么，到底什么是职业规划呢？百度百科的定义是：所谓职业规划，其实是职业生涯规划的简称，主要是指对职业生涯乃至人生进行持续的、系统的计划的过程。这个过程往往包括职业定位、目标设定、通道设计三个部分。在很多情况下，人们常说的职业生涯设计其实主要是指对职业通道的设计。

从百度百科的定义中，我们清晰地看到，要想成为一名标杆式的职业经理人，就必须合理、科学地规划好自己的职业生涯，因为职业规划关系到每一个职场人士的事业之路。在向阳生涯职业咨询机构调查的12000多个样本中，2003年，了解职业规划的人很少，只

有一小部分了解，占百分比的8%；而意识到职业需要规划的人比了解职业需要规划的人差不多少一半，仅占百分比的5%；而实施职业规划的人就更加少了，只占百分比的3%（见图1-2）。

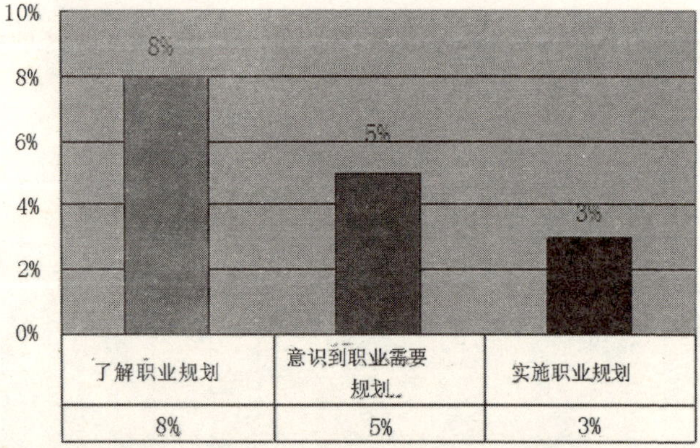

图1-2　2003年12000名职业人士对职业生涯的认识

然而到2007年，情况就有所好转，在“了解职业规划”的人一项中，其比重就已经超过50%；而“意识到职业需要规划”的人数已经达到2003年人数的数倍；更可喜的是“实施职业规划”的人越来越多，相比2003年，实施职业规划的人数已经大幅提升。因此，要想成为一名优秀的打工皇帝，职业生涯规划成为一个不可或缺的步骤。

2005年，广州举办了一场盛大的营销精英颁奖会，时任某著名房地产集团营销总监的陈晓荣幸地获得营销精英奖。

主持人问陈晓：是什么原因让你获得这个营销精英奖？陈晓回顾了自己的职业发展经历。

陈晓说：“我今天能够获奖，除了个人努力、机遇的垂青之外，明确的职业规划对我个人的发展，起了非常大的帮助。”

陈晓坦言，在八年前，他刚从内地来到广州，举目无亲，生活非常艰难。为了能够生存下去，他在一家小企业做过推销，还干过保险推销员。更可怕的是，有一段时间他甚至失业了。

然而，8年后的今天，陈晓已经不再是那个身无分文的打工仔，而已经是某著名房地产集团营销总监，年薪50万元了。

本案例中，陈晓之所以能够成为一名职业经理人，从一名身无分文的打工仔晋升到年薪50万的营销总监，究其原因，还是与其制订科学、合理的职业规划分不开。

众所周知，在北京、上海、广州、深圳等城市中，许许多多像陈晓一样的人，他们都怀抱着梦想在这些城市中努力地打拼，期望有朝一日能出人头地。但是，许许多多像陈晓一样的人却没有同样的幸运，为什么呢？因为他们缺乏对职业生涯的了解和认识，更不用说实施职业规划了。这也是为什么许许多多像陈晓一样的打工者最终没有成为打工皇帝的一个真正的原因。

由此可见，对于一个普通的职场人士来说，如果仅仅凭借其努力，是不可能成为打工皇帝的。但同时我们也看到：在北京、上海、广州、深圳的高档写字楼里，身价上亿元的打工皇帝遍地都是。为什么有人成为打工皇帝，有人却一直在职场的底层辛苦打拼不见出路呢？或许就如陈晓所说，职业规划是引导那些打工皇帝们走向成功之路的重要砝码。

可以说，对职场人士来说，特别是对于立志成为职业经理人的员工而言，科学合理的职业规划就是成为打工皇帝的一盏指路明灯，让职场人士，特别是对于立志成为职业经理人的员工更加清楚自己未来的最佳发展通道。

事实证明，在职场形势非常严峻的今天，对于职场人士来说，只要清楚地了解自身的资源与优势，懂得利用自身的个人核心优势去寻求最佳的发展通道，这样的人更容易实现职业目标。

毋庸置疑，科学合理的职业规划对于职场人士来说，不仅可以将个人梦想、价值观、人生目标与他们的行动策略协调一致，而且能有效发挥自身的优势，从而向着职业目标奋斗。对此，有关专家认为，一般来说，职业类型分成几类（见表1-1）：

表1-1　职业类型的分类

（1）技术型	技术型职业定位的人，通常都是由于从自身个性与爱好考虑，一般不愿意从事管理工作，而是愿意在自己所处的专业技术领域发展。
（2）管理型	管理型人才有强烈的愿望去做管理人员，他们通常将职业目标定为有相当大职责的管理岗位，同时他们自己也自信有能力达到高层领导岗位。
（3）创造型	创造型人才一般比较固执，他们认为只有实实在在的事才能体现自己的才干。
（4）自由独立型	自由独立型人才更喜欢独来独往，他们的职业定位同时也有相当高的技术型特点。
（5）安全型	安全型人才最关心的是职业的长期稳定性和安全性。他们愿意为了安定的工作、可观的收入、优越的福利与养老制度等付出努力。

当然，需要提醒的是，作为职场人士在职业规划时，不能漫无边际地制订职业规划，而是必须根据自身的性格、特长、兴趣、

沟通能力，以及受教育的程度等多方面的因素制订出一条科学合理的、适合自己的职业规划，否则不仅浪费了自己的时间和精力，而且还将会延误成为打工皇帝的时间。因此，在职业规划时，应根据对自己的认识和对职业的了解，合理设计职业生涯，选择最适合自己的职业，为成为优秀的打工皇帝打下坚实的基础。

2.切忌一步登天

要想建高楼，就必须从打地基开始，如果没有这个过程，再好看的楼宇也只能是虚无缥缈的空中楼阁而已。同样，对于职场人士而言，完全没有规划的职业生涯就像空中楼阁一样，不过是一个毫无根据的空想。

就像古希腊哲学家亚里士多德曾经说过的那样：“人是一种寻找目标的动物，他生活的意义仅仅在于是否正在寻找和追求自己的目标。”

尽管这位哲人的话说在2000多年前，但是亚里士多德还是提醒了今天的职场人士，特别是那些立志成为打工皇帝的人，如果没有科学合理的职业规划，那么这样的想法只不过是空想，自己是绝不可能成为打工皇帝的，因为打工皇帝的梦想不可能一步登天地得以实现。

科学合理的职业生涯规划，更加有利于实现职业目标。其具体表现为：科学合理的职业生涯规划不仅能为职场人士制订切实可行的职业目标，同时还能运用科学的方法、切实可行的措施来实现这个职业目标，更加有效地解决职场人士在职业生涯发展中遇到的各种问题，避免职场人士因为缺乏职业规划而导致的目标盲目性，从而为成为打工皇帝打下坚实的基础，最终使得自己成为真正的打工皇帝。

可能有读者认为，职业生涯设计主要的作用，就是帮助人们找到一份薪水较高的工作。这样的观点其实是不全面的。按照自己的资历和条件快速地找到一份薪水较高的工作，只是职业生涯的一部分。更重要的是，科学合理的职业生涯规划能够实现一部分人的梦想，比如，立志成为打工皇帝的这部分人，如果要想实现这个梦想，就必须要真正了解自己，根据自身的条件客观地评估主客观条件及其内外环境优势和限制，从而设计出符合自身发展的职业生涯。

比如，几年前，我在一家家族公司里做副总时，曾负责招聘员工。一位大学刚毕业的求职者在简历里是这样写的：我非常愿意从贵公司的最基层工作开始做起，打算用至少5年的工作时间来熟悉公司的各项业务，尽可能掌握各种业务需要的相关经验，然后向公司更高层次的管理岗位奋斗。

尽管这位求职者的简历没有华丽的词藻，也没有跨国公司的工作经历，但就是这份简历让这位求职者从众多竞争者中脱颖而出。我当时选择他的理由是：我相信他能胜任公司的工作，我初出茅庐时的想法跟这位年轻人完全相同。

由此可见，该求职者得到这份工作主要源于他有一个清晰的职业生涯规划，这是他得到我认可的一个重要因素。

据一份调查资料显示，大部分大学毕业生缺乏科学合理的职业规划，甚至有的人就根本没有职业规划。一部分应届大学毕业生参加工作后，在一段时间内经常出现职场定位模糊的问题，具体表现在他们不完全清楚自己应该从事什么工作，自己偏重于什么样的工作。

不可否认，这部分应届大学毕业生出现职场定位模糊的问题，是因为他们缺乏科学合理的职业规划。当然，也可能与这些应届大学毕业生的性格有关。比如，有的人是被动型的，就像《西游记》团队里的沙僧，师父叫干什么工作就做什么，往往安于本分工作，在任何时候都绝不出格。这样规规矩矩的员工尽管恪尽职守，但是创新能力不强，不适合担任一些创造性很强的工作，这样也就错过了成为打工皇帝的机会。

与被动型的性格相反的是，就是主动型性格，具有主动型性格的员工往往具备成为打工皇帝的潜质。比如，与沙和尚性格截然相反的就是孙悟空性格的员工，这种主动型性格的员工在工作中往往积极主动，而且工作技能也很强，只不过其阅历还不足以成为一个打工皇帝而已。这种主动型性格的员工就必须在一线上磨练，从而积累打工皇帝所需的工作阅历。如果不踏实在一线工作一段时间，总是好高骛远，那么最终会毁掉自己。

在很多企业中，我们经常见到40岁左右的人依然还在频繁跳槽，他们并不是缺乏工作能力，相反，他们的工作能力还很强。但为什么一无所成呢？主要是因为他们自我感觉太过于良好，总想一口就吃成一个大胖子。事实证明，没有一线的工作经历就想做职业经理人，恐怕是不现实的。当然，绝大多数老板也不会把缺乏一线工作经历的员工放在职业经理人这样重要的位置上。没有实际的工作经验，却一心想做职业经理人，这样的人当上了职业经理人，不但无法胜任工作，而且还会让公司付出惨重的代价。

可能读者觉得我说得过于严重了，其实一点也不严重。当你看了“纸上谈兵”这个故事后，我相信你会认同我的观点。

公元前262年，秦国国君秦昭王派大将白起进攻韩国，占领了野王（今河南沁阳），实现截断了上党郡（治所在今山西长治）和韩都联系的初步战略。对于韩国而言，上党形势非常危急。然而，在上党的韩军将领都不愿意投降秦国，却打发使者带着地图把上党献给赵国。

对于赵国来说，不费一兵一卒就得到上党无疑是喜事一桩。于是赵孝成王（赵惠文王的儿子）派军队接收了上党。然而，仅仅过了两年，秦昭王又派王龁（音hé）围住上党。

面对强敌秦国，赵孝成王连忙派经验丰富的老将廉颇率领20多万大军前去支援上党。当廉颇率领的20多万大军才到长平（今山西高平县西北），上党已经被秦军攻占了。

王龁很轻易地拿下上党，还打算向长平进攻。而沙场经验丰富的廉颇得知上党被秦军占领时，让士兵们守住阵地，尽快修筑堡垒，深挖壕沟，跟远来的秦军对峙。此刻，廉颇已经准备好与秦军作长期交战。

大将王龁想尽快解决战斗，拿下长平，几次三番向赵军挑战。廉颇却不为之所动，就是不跟秦军交战。面对这样的形势，王龁也没有能想出好的办法来打破目前的僵局，不得不派人“六百里加急”奏禀秦昭王，说：“廉颇是一个作战经验非常丰富的老将，不轻易出来交战。我军长途奔袭，如果长期下去，就怕粮草接济不上。”

战报传到都城，秦昭王于是请谋士范雎出谋划策。而足智多谋的范雎坦言：“要打败赵国，必须先叫赵国把廉颇调回去。”

秦昭王说：“什么样的办法才能让赵国调回廉颇？”

范雎说：“让我来想办法。”

过了几天，赵孝成王听到左右纷纷议论，说：“秦国就是怕让熟读兵书而又继承其父亲赵奢作战经验的赵括带兵。而目前的前线指挥廉颇过于年衰，根本就不中用，眼看就快投降了！”

范雎散播的谣言迅速传遍了赵国的大街小巷。传言里所说的赵括，就是赵国赫赫有名的大将赵奢的儿子。值得称道的是，赵括小时曾熟读兵法，谈起用兵来，头头是道，自以为天下无敌，连他父亲他也不放在眼里。

当然，传言同样传到了赵孝成王耳朵里。于是赵王下令即刻把赵括找来，问他能不能打退秦军。

自以为是的赵括说：“要是秦国派白起来，我还得考虑对付一下。如今来的是王龁，他不过是廉颇的对手。要是换上我，打败他不在话下。”

赵括的年少轻狂却得到赵王的认可，于是就当面封赵括为长平作战的指挥，去接替廉颇。

当然，面对赵王让缺乏实战的赵括接替廉颇，大臣们都纷纷反对。蔺相如对赵王说：“赵括只懂得读父亲的兵书，不会临阵应变，不能派他做大将。”可是，赵王对蔺相如的劝告听不进去。

正当赵国处在大兵压境的紧急时刻，赵括的母亲也向赵王上了一道奏章，请求赵王收回成命。赵括的母亲说：“他父亲临终的时候再三嘱咐我说：‘赵括这孩子把用兵打仗当做儿戏似的，谈起兵法来，就眼空四海，目中无人。将来大王不用他还好，如果用他为大将的话，只怕赵军会断送在他手里。’所以我请求大王千万别让他当大将。”

面对赵括母亲的如实禀报，赵王却没有丝毫的动摇，说：“我已经决定了，你就别管了吧。”公元前260年，赵括领兵20万到达长平，请廉颇验过兵符。

当范雎得到赵括替换廉颇的消息后，同样以六百里加急将情报禀报秦昭王。秦昭王就秘密派白起为上将军，去指挥秦军。白起一到长平，布置好埋伏，故意打了几次败仗。

然而，作战经验缺乏的赵括却不知道是陷阱，只知道率领部下拼命追赶。白起把赵军引到预先埋伏好的地区，派出精兵25000人，切断赵军的后路；另派5000骑兵，直冲赵军大营，把40万赵军切成两段。

此时的赵括才幡然醒悟，于是急忙筑起营垒坚守，等待救兵。而秦国又发兵把赵国的救兵和运粮的必经道路切断了。

孤独无援的赵括，在内无粮草，外无救兵的情况下苦苦坚守了40多天。面对强敌，孤注一掷的赵括仍然想率兵冲出重围，秦军万箭齐发，把赵括射死了。

当被围困40多天的赵军听到主将被杀的消息时，也都无心恋战，于是纷纷投降。就这样，赵国的40万大军，就在短短40多天的时间里，在纸上谈兵的赵括手里全部覆没了。

上述故事对于中国人来说，都并不陌生，这就是大家熟知的纸上谈兵的故事。可以说，赵括正是因为缺乏自身的职业生涯规划，从而导致了长平战役的失败。

长平战役的失败不仅使得赵国无兵可战，同时加速了赵国的灭亡。有读者认为，赵括长平战役的失败是由于赵括缺乏文化基础，甚至不懂兵法。这样的观点是不全面的。从纸上谈兵的故事不难看出，赵括还是非常懂得军事的，有时就连赵括父亲在内的所有人都辩不过他。那么赵括为什么在长平战役会战败呢？主要原因是赵括对自己的职业定位不准确，起码是初期职业定位不准确，这才导致了整个职业生涯的失败。

这才是问题的关键。当然，赵王在长平战役的失败中也要担负主要责任。当赵括被任命为赵国40万大军的统帅时，不仅遭到蔺相如的反对，同样也遭到赵括母亲的反对。因为他们都知道赵括尽管兵法道理懂得很多，但是缺乏实战经验，一下子就把一个没有实战经验的人提升为统帅（古时的军队里面有统帅、副帅、大将、副将、先锋、军师等，这就好比公司里面有CEO或总经理，是高级管理者，还有副总、总监、部门经理等），赵括显然还不具备资格，所以赵王委他以重任是错误的决定。赵括完全可以从基层干起，哪怕是做个小队长，再迅速提拔，这样对他的成长才会更好。一个从来没有打过仗的小伙子，一下子就担任三军统帅，其失败是理所当然了。

就如同一家世界级的跨国公司，请一个刚毕业的、毫无实战经验的大学生担任公司的总经理，该跨国公司能不破产吗？尽管讲述的是两个方向，但是道理却是相同的。当那些意气风发的大学生走向岗位的时候，也是去践行自己的职业规划的时候，必须考虑年龄和经验的因素。绝对不能在十七八岁的时候就跑到人才市场去说："你们能否请我当总经理、董事长？"

或许，这样的理论有点枯燥，但这是迈向打工皇帝的第一步。在上述案例中，赵括的职业生涯开始阶段的职业定位应该根据他的兴趣、特长、个性等，定位于军事领域，但可以是基层带兵人员、副将、参谋长、军事教官，甚至作为重点培养对象，当大将廉颇的助理。这样的话，赵国长平之战不会失败，纸上谈兵的成语也就不会产生了。

赵括是一个个例，但是赵括的心态在今天也很普遍，就是眼高手低、志大才疏。当今职场上不乏这样的人，这样的人，总是在不断地寻找机会，但是却始终没有机会。

在北京某知名大学里，英语专业的刘倩，可称得上是一个佼佼者。刘倩不仅能说一口非常流利的英语，而且性格外向，沟通能力也很强，加上刘倩个人能力非常出色，还没有毕业就找到了一家很大的跨国贸易公司，不久就当上了该公司市场部经理助理。

刚参加工作，刘倩也想实现自己的价值，工作劲头十足。不管是公司开展会、联系客户，还是做宣传材料，大事小事样样都揽上身，而且做得有模有样，公司上下都对刘倩刮目相看。

然而，没有过多久，刘倩却对日渐熟悉的工作逐渐失去了当初的工作激情，于是跳槽到一家跨国公司做客服。

然而，让刘倩没有想到的是，这家跨国公司过于沉闷，这样的气氛使得生性活泼的她非常压抑，加之对客服工作丝毫不感兴趣，于是她再谋职业，到了一家房地产公司做宣传和翻译。

但几个月后，刘倩又以公司规模不大为理由再次跳槽。

其实，在上述案例中，刘倩并不是一个单独的个案，而是代表着中国上百万，甚至上千万的职场人士浮躁的现状。刘倩为什么会出现高频率的跳槽现象呢？主要还是没有客观、合理、科学的职业规划。当然，这样频繁跳槽的结果就是使自己更加迷茫，成为打工皇帝简直就是天方夜谭。因此，对于职场人士而言，要想成为打工皇帝，就必须清晰地定位自身的职业目标。

就像上述案例，毕业不到五年的刘倩，跳槽却已达四五次，频率极高。反观刘倩的工作履历，不仅没有某一行业丰富的从业经验，而且也没有在某一职位做过几年的职位经验。尽管刘倩在每一家公司里很能干，但是刘倩在每个公司里的实际职位层次都很低，长此以往，绝不可能成为具有标杆意义的打工皇帝。

对此，20世纪最伟大的心灵导师戴尔·卡内基在接受美国《时代周刊》采访谈到自己的成功时说："我非常相信，这是获得心理平静的最大秘密之一——要有正确的价值观念。而我也相信，只要我们能定出一种个人的标准来——就是和我们的生活比起来，什么样的事情才值得做的标准，我们的忧虑有50%就可以立刻消除。"

从戴尔·卡内基的采访中我们可以理解，清晰的职业定位是顺利成为打工皇帝的一个重要因素，如果没有这个清晰的职业定位，那么其危害还是非常严重的，主要有以下五点（见表1-2）：

表1-2　职业定位不清晰导致的五个严重后果

（1）不清楚自己想要什么种类的工作	在工作之前，职场人士应该认真地思考一下"我适合做什么工作"，如果不清楚自己能够胜任何种工作，就像一艘在大海上迷航的小帆船。另外，还有很多职场人士为了金钱或其他，往往把时间用于追逐不是真正适合自己的工作上，这样随着竞争的加剧会感觉后劲不足。
（2）积累的很多资源被浪费	一般情况下，资源大致包括：人脉、知脉、金脉等三个方面。然而，很多职场人士往往不懂得积累资源。因为他们不知道，在每个工作领域所需要的资源是完全不同的，从而导致自己积累的很多资源得不到好好利用，被浪费掉了。众所周知，每个人的时间和精力都是有限的，职场人士也不例外。很多人尽管多年来涉足很多领域，学习很多知识，但并不深入，每一项都没有很强的竞争力，觉得自己什么都能做，但又什么都做不了。

续表

（3）追逐高薪水，结果失去自我	职业定位不清晰，职场人士往往就很难抵御多方因素的诱惑，轻易放弃原本可以胜任的工作，而去追逐高额的薪水。即用现实的报酬作为准则，哪里钱多去哪里，结果追逐金钱失去自我。当然，对任何一个职场人士而言，追求金钱并没有错，只是忽略了职业规划。岂不知，如果能成为一名标杆式的打工皇帝，上亿元的身价根本就不愁钱。赚钱只是获取职业快乐的手段或工具而已。因此，给自己准确定位，职场人士才会理性地面对外界的诱惑，最终成为上亿元身价的打工皇帝。
（4）难以获得用人单位和老板的深度认可	如果职业定位不清晰，就意味着职场人士不知道自己适合做什么工作，就意味着在求职写简历和面试的时候，不能准确地介绍自己，使得面试官不能迅速地了解你，也不会将岗位给你。因此，职场人士定位不准，就好像游移的目标，让人看不清真实的面目，也失去了自我发展的众多机会。
（5）浪费自己的时间，甚至是自信	一些职场人士由于自己没有清晰地定位职业人生，隔三差五地频繁更换工作。他们没有意识到太多的试用期，不仅花掉太多的时间去寻找高额薪水的工作，甚至有的职场人士往往一年里有半年在找工作。这样的做法不仅仅损失的是时间和金钱，还有职场人士的自信心。

从表1-2可以看出，职业定位不清晰，其后果非常严重。因

此，在职业规划中，必须要科学合理地给自己定位。目前职场中的竞争压力巨大，职场人士如果不能给自己职业规划科学合理地定位，那么就会错过了发展的机会，表现在当机会来临时自己没有理会，而自己找到的工作大多数都是自己不擅长的。比如你自己性格非常外向，适合做销售员，而你却选择行政管理，不仅工作很难做到位，而且还会丧失对职业前景的信心。因此，职场人士在职业规划时，必须考虑到行业的特性与个人的优缺点，这样才能制订合理、有指导意义的职业规划。职场人士职业规划的三点原则如下（见表1-3）：

表1-3　职业规划的三点原则

（1）职业发展目标要考虑自己的性格、特长与兴趣	职业生涯能否按照设定的方向发展，其核心就在于所从事的工作是否正是自己所擅长的。在规划职业生涯时，就必须考虑自己的性格、特长与兴趣，从而更好地了解自身优缺点。因为从事一项自己擅长的工作，我们会工作得游刃有余；从事一项自己所喜欢的工作，我们会工作得很愉快。如果所从事的工作，既是自己所擅长又是自己喜欢的，那么我们必能够快速地从中脱颖而出。而这正是成功的职业规划的核心所在。

续表

（2）职业规划应考虑自身的实际情况，并具有可执行性	职业规划，必须考虑自身的实际情况，并具有可执行性。尽管有些职场人士雄心壮志，一心想要在某个领域一鸣惊人，却因为自己的职业规划太过好高骛远，工作业绩不能达到预期的效果。因此，职业规划要根据自己的实际情况，一步一个脚印，层层晋升，最终方能成就梦想。而这个过程就是一个积累的过程——资历的积累、经验的积累、知识的积累。
（3）职业规划发展目标必须建立在可持续发展的基础之上	在指定职业规划发展目标时，职场人士必须清楚，职业发展规划必须具有可持续发展特点。如果职业发展目标太过短浅，不仅会禁锢个人奋斗的热情，而且不利于自己的长远发展。最好的方法就是将职业发展规划贯穿于自己整个职业发展的生涯的远景展望中。

3.先有规划才能成打工皇帝

在通往打工皇帝的路途上，往往有很多事情要准备，其中在出发之前，科学合理的职业规划是必不可少的一个环节。因为科学合理的职业规划对职场人士的整个职业人生都影响深远。

据职业生涯机构统计分析结果表明，在15000个调查样本中，有三个因素影响了15000名职场人士的就业选择满意度、毕业选择与最初打算之间的一致性。这三个因素就是（见表1-4）：

表1-4 影响就业选择满意度、毕业选择与最初打算之间的一致性的三个因素

(1)	职业生涯规划的明确程度
(2)	职业生涯规划作出的时间
(3)	最佳的发展通道方向

从表1-4可以看出，科学合理的职业规划不仅影响职场人士的就业选择满意度、毕业选择与最初打算之间的一致性，还有助于能尽早实现打工皇帝的目标，这与职业生涯机构的调查结果有着非常惊人的相似。可以肯定地说，科学合理的职业生涯规划已成为立志成为打工皇帝的职场人士们最重要的工作之一。

其实，职业生涯规划很简单地说，就是职场人士在根据自身的条件制订一个职业目标后，在实际的工作中自己与职业进行匹配与再规划的一个过程。而在这个过程中，由于职业生涯本身就是一个动态的、发展的变化过程，这就要求职场人士在职业规划时，必须着重未来的职业发展，而不是在意当下工作的薪水高低。

可能有读者会问，既然科学合理的职业规划如此重要，那么我究竟应向哪个方向发展呢？在很多场合，特别是我在给企业做内训时，很多企业员工都问我这个问题。我的建议是，完全可以根据自身的优势和劣势，通过适合于自己的职业生涯规划来得知。

对此，资深人力资源管理专家曾撰文指出："目标之所以有用，仅仅是因为它能帮助我们从现在走向未来。"

从这个专家的观点中不难发现，职场人士有了明确的职业目标，才能积极创造条件去实现这个职业目标。然而，很多公司中，一

些员工得过且过。其实，他们就是因为缺乏为之奋斗的职业目标。

对于任何一个职场人士来说，职业规划不仅要科学合理，而且还应该尽早来设计。当进入大学学习时，我们就应该考虑职业规划了。事实证明，从大学一年级到毕业之前就应把职业规划好，这段时间其实是最为理想的时间阶段。因此，在规划职业生涯时，按照职业生涯设计的流程，必须充分考虑每个环节的注意事项，从而制订得更加科学合理。一般职业生涯设计的具体步骤，概括起来主要有以下几个方面（见表1-5）：

表1-5 职业生涯设计的六个步骤

（1）自我评价	自我评价对于一个有效的职业生涯设计来说是非常重要的，因为有效的职业生涯设计必须是在充分且正确认识自身条件与相关环境的基础上进行的。这就要求在设计职业生涯时必须审视自己、认识自己、了解自己，充分地做好自我评估，包括自己的兴趣、特长、性格、学识、技能、智商、情商、思维方式等，弄清楚自己最想干什么工作、能干什么工作、应该干什么工作。
（2）确立目标	在设计职业生涯时，必须确立科学合理的目标，这是制订职业生涯规划的一个关键步骤。科学合理的目标主要有短期目标、中期目标、长期目标和人生目标。在确立短期目标时，必须更具体，它是长远目标的组成部分；确立长远目标时要尽可能地立足现实、慎重选择、全面考虑，使之既有现实性又有前瞻性。

续表

（3）社会环境评价	在设计职业生涯时，职场人士还要充分认识与了解相关的社会环境，评估社会环境因素对自己职业生涯发展的影响，分析社会环境条件的特点、发展变化情况，把握社会环境因素的优势与限制，了解本专业、本行业的地位、形势以及发展趋势，从而更好地设计职业生涯。
（4）职业定位	在设计职业生涯时，应充分重视职业定位，在制订职业定位时应注意：①依据客观现实，考虑职场人士与社会、组织的关系；②通过比较鉴别，比较职业的条件、要求、性质与自身条件的匹配情况，从而选择条件更合适、更符合自己特长、更感兴趣、经过努力能很快胜任、有发展前途的职业；③懂得扬长避短，绝不要追求十全十美的职业；④审时度势，应根据情况的变化及时调整择业目标，不能固执己见，一成不变。
（5）实施策略	科学合理的职业生涯目标的行动方案，也需要有具体的行为措施来保证。没有具体的行为措施，这样的职业目标永远只是一种虚无缥缈的方案而已。因此，制订周详的行动方案，更要注意去落实这一行动方案。
（6）评估与反馈	实践是检验真理的惟一标准。在整个职业生涯规划中，职场人士只能在实施中去检验，当生涯规划各个环节出现问题时，必须及时诊断，找出相应对策，对规划进行调整与完善。

从表1-5可以看出，整个职业生涯规划流程中，只有正确的、科学合理的自我评价才是最为核心的环节，如果在这一环节出现偏差或者做得不到位，那么就会导致整个职业生涯规划的各个环节可

能出现较大的问题。我们从一个真实的案例开始谈起。

大学本科毕业的洪小姐，尽管所学的是当时非常热门的商务管理专业，但是由于洪小姐所读的大学并不是重点大学，毕业后没有多久，洪小姐没有过多考虑就开始在一家小型企业做了一名行政管理人员，负责该公司认证书的管理以及日常的会务接待等较为琐碎的工作。

一年后，琐碎重复的工作使得洪小姐开始对自己的工作不满意起来，最让洪小姐不看好的还是该公司发展前景。洪小姐觉得自己在这一年中，该学的工作经验已经都学到了，没什么留恋的了。

在权衡利弊后，洪小姐决定离职，通过家人的关系，她跳槽到了一家小有名气的台资公司做行政助理。

但是，洪小姐在这家台资公司工作了两年多后，依然还是行政助理的职位，职业发展毫无起色。

在这两年多的时间里，洪小姐有时还指望着能一步一步往上爬，可是两年过去了，还是没有爬上去。这让洪小姐对自己越来越没有信心了，对工作也没有了以前的热情。于是，心灰意冷的她向这家台资公司提出了辞职要求。

面对逝去的三年多光景，洪小姐静下心来，反思自己的跳槽经历。她发现自己每次都是为了找到一份工作而工作，而这些工作，都是自己不喜欢的。

然而，可怕的是，三年多了，洪小姐如今还是不知道自己到底喜欢做何种工作，自己究竟适合做什么样的工作，她自己一时也说不清。

洪小姐认为，她自己所学的商务管理专业在自己从事过的行政工作中用处不大。基于自己三年的行政工作经历，洪小姐又觉得自己可以从事人事方面的工作。她认为只要公司大，自己就有发展的空间。

于是洪小姐给很多大公司投递了简历，等了一个多月，结果杳无音信。几经周折依然找不到一份合适的工作，洪小姐不禁郁闷了，内心充满挫败感，对自己以后的职业发展也充满疑惑。

在本案例中，洪小姐犯了很多职场人士都容易犯的一个典型错误，那就是没有尽早规划好自己的职业定位。在表1-5中，第一个步骤就是自我评价，然后根据自身条件，制订合理、科学的目标。在本案例中，洪小姐从来就没有对自己进行过认真的自我评价，然后依据自我评价来制订目标。

如果缺乏对自己的自我评价，即使有职业规划，也会像洪小姐一样出现职业定位不准的现象。究其原因，主要是洪小姐没有正确地了解过自己，同样也没有客观评估并挖掘出自己的职业竞争力，甚至都不清楚自己适合从事何种工作。洪小姐的问题非常有代表性，而且这种职业定位不清楚的现象非常普遍。一步走错，全盘皆输。对此，业内专家认为，洪小姐在职业意识上存在三大问题（见表1-6）：

表1-6　洪小姐职业意识存在的三个问题

（1）盲目就业导致了职业倦怠感	洪小姐的盲目就业导致了职业倦怠感的快速产生，主要是由于洪小姐在毕业时急于找到工作，估计与洪小姐所读的大学并不是重点大学有关。这就为洪小姐没有为自己规划好职业生涯发展道路，又没有找到自己的职业定位做了铺垫，致使洪小姐工作无趣，对工作缺乏动力和自信。

续表

（2）强烈的跳槽欲望源自于目前工作已经没有更大的上升空间	在知名的台资公司工作了两年多，洪小姐自身的强烈跳槽欲望源于工作岗位已经没有更大的上升空间。在洪小姐的工作履历中，连续三年行政工作的工资待遇和福利都不能令洪小姐满意，工作条件的欠缺和工作内容的枯燥使洪小姐对工作的认同感以及工作价值感几乎为零。另外，洪小姐对从事人力资源方向的想法也不够成熟。
（3）“只要公司好，自己就有发展空间”的想法也是非常主观和片面的	洪小姐的职业规划是存在重大问题的，特别是洪小姐认为“只要公司好，自己就有发展空间”的想法也是非常主观和片面的。在职业规划时，不管是大公司还是小公司，能有适合自己的发展平台才是获得职业持续发展最重要的一点。如果没有一个好的发展平台，职场自身的能力就没有办法显现出来，久而久之还会磨灭自己的核心竞争力，最终沦为被市场淘汰的对象。事实证明，实现自我价值的发展平台并不在于企业规模的大小，也不在于企业的性质，所以在选择的时候要衡量自身能力，将之与自己未来的发展目标相结合，从而找准能够给予自己未来发展足够能量的企业平台。

在表1-6中，洪小姐的问题很典型，同样的问题也困扰着其他众多的职场人士。当然，要想成为打工皇帝，就必须自觉而理性地思考自己的职业定位。

像洪小姐一样的职场人士已经不适应新时代的发展需要了。需要注意的是，在21世纪的今天仍然有很多大学毕业生，甚至很多像洪小姐一样工作过几年的职场人士，从未考虑过自己的职业发展，处于“做一天和尚撞一天钟”的状态。当他们走上岗位后，由于不满意自己的工作，总是频繁地跳槽，单份工作超过半年的人也实在是屈指可数。在短短时间之内，跳槽过于频繁，而且介入行业也很多，导致这部分人找不到职业方向，在工作中无法建立起自己的职业品牌。那么，是什么造成像洪小姐一样工作过几年的职场人士这样的职场状态呢?

产生这种问题的根本原因可能与中国的高等教育有关。许多人在上大学时，选择专业盲目，对所学专业也没兴趣，甚至是相当厌恶。可以说他们是为应付考试，往往在被迫学习。于是，这部分人就把大学期间的时间和精力投入在游戏、恋爱、玩乐等上面，到临近毕业时才匆忙选择一份工作。这就是像洪小姐这样的人不知自己的职业规划的原因所在。

洪小姐的案例警示每一个大学生，如果在大学毕业时还没有规划好自己的职业生涯，那么他们成为失败者的几率将大大增加。这主要是由于像洪小姐这样的职场人士，他们往往对某一个职业或者某个行业了解不多，知之甚少，甚至是一无所知。特别是有的职场人士，由于频繁跳槽，而且他做的职业类别跨度大，职业环境不同，所从事的工作间的关联又小，导致他以前的职业经历无法为整体职业的发展蓄积起有效的经验和能力。这样，他就无法做好职业定位，而且更加难以选择。

刘萤大学毕业后，由于急于找到一份工作，于是到一个新办不久的企业做策划专员，没想到，不到半年，企业就倒闭了。

刘萤不得不重新寻找工作。然而，由于刘萤缺乏专业技能，她屡屡被大公司拒之门外。这样，刘萤失业三个月，在大城市的生存压力日益增大。

为了生计，刘萱只好勉强进入另一家小公司做业务员。然而，不幸的是，不到半年时间，这家公司便处于无法支付员工薪酬的状态。刘萱再次失业，变得更加迷茫了。

在“北上广深”（北京、上海、广州、深圳）等大城市，由于一些大学生总是抱着“毕业后先找一份工作再说”的想法，结果是增加了跳槽的机会成本。特别是对于那种转几年再定方向的职场人士来说，这样会造成前一段工作经历中所学的职业技能与后面的工作毫无关联的后果，不仅造成时间和精力的浪费，而且还会丧失自己在大学中培养的自信，更有甚者，由于频繁跳槽，导致自己总是处于“职场新人”的状态。

在某些公司中，还经常会出现“职场新人”对企业文化的不适应而造成职场不适应症。那么，什么叫职场不适应症呢？所谓职场不适应症，是指因职场人士对各类职业特征不了解、对刚参加的工作行业现状及发展趋势不了解，加上职场中不同的企业形态中的不稳定性和企业文化的冲击，造成“职场新人”为寻找真正适合自己的职业而频繁转换工作，而这些职业行为往往不具备关联性，难以为职业发展蓄积有效的势能。

从职场不适应症的定义可以看出，由于很多职场人士在职场上经历不同的职业类型之后，在很多时候往往更加难以选择自己的职业方向，更不用说作出准确的职业定位了。而像刘萱一样的职场人士，在他们的职业履历中，留给他们自己的往往是累累伤痕。因此，每一个刚走上工作岗位的人，应尽早制订合理、科学的职业规划，这是十分重要的。

二、通往打工皇帝宝座的第一道门

要想成为一名优秀的打工皇帝，第一份工作的选择要十分慎重。目前，大学毕业生就业问题主要有两个：

第一，解决生存问题。一部分大学毕业生，由于家庭不富裕，为了减轻家庭的负担，于是匆忙地选择了第一份工作。

第二，发展问题。在选择第一份工作时，必须综合考虑各个方面的因素，最好能够选择一家实力雄厚的公司。

对此，业内专家指出，当选择了第一份工作，就会对某种工作状态和职业环境产生依赖性。当再次做出选择时，必然会失去许多在该公司既得的利益，如职位、资源，及其工作经验。所以，大学生求职者在选择第一份工作时，必须分析自身条件，从而依据企业的用人条件来综合考虑。因此，要想成为一名优秀的打工皇帝，选择第一份工作尤为重要，因为它是通往打工皇帝宝座的第一道门。

1.为什么毕业后要先进好公司

在当前，第一份工作是就业还是择业，主流和非主流的专家们各持己见。那么对于刚毕业的大学生来说，如何选好第一份工作呢？

素有打工皇帝之称的新华都集团CEO唐骏对第一份工作如何评价呢？唐骏认为，大学毕业后，选择第一份工作必须要选择一个实力雄厚的大公司，一定要是一个好公司。

唐骏这样说的理由是：在选择工作时，往往会同时选择一个职业方向，这就需要求职者选择一个能够实现自己职业目标的公司。

其实，第一份工作只不过是职业终极目标的一个小目标，也是职场新人踏上职业生涯的第一个阶梯。如果求职者在选择第一份工作时，就完全背离了职业规划，特别是其方向如果搞错了，那么在第一份工作所在的公司工作的时间越长，离自己的职业目标也就越远。

这样的案例比比皆是，举不胜举。在很多公司中，尽管许多员工十分优秀，不管是工作技能，还是职业素养，但是由于他们当初选错了第一份工作，他们的职场生涯也就一路坎坷。所以，在职场选择上，对于任何一个职场人士而言，第一份工作是非常重要的，也是非常关键的。

在一个电视节目现场，一个大学生这样问唐骏："请问，我是一名即将毕业的大学生，现在有两份工作可以选择：一份是去一个国有大公司，薪水和福利好，但是做得会比较无聊；另一份是去一家新成立的公司，虽然薪水低，非常辛苦，但很有挑战性，而且公司发展前景也不错。请问我该如何选择？"

唐骏这样回答："同很多年轻朋友交流时，我都以自己的亲身经历劝告他们：第一份工作不是选一份好职业，不是选一份好薪水，而一定要选一家好公司。为什么呢？因为一家好的公司可以在各方面奠定你的职业基础。回头来看，我能有今天这样的发展空间，离不开职业初期在微软打下的基础，而且还起着举足轻重的作用。我加入微软后，有一个亲戚对我说：'如果这家公司让你去做前台，你都应该去。'对于他的话，我深以为然。因为即使是做前台，只要你有心，一样可以了解到这个公司的结构体系和管理规范。我的朋友，也是我在微软时曾经的同事吴士宏，最初进IBM时就只是一个前台人员，后来却做到微软中国区的总经理，成为中国女性职业经理人的代表之一。"

唐骏的观点非常有指导性，他的这些经验来自唐骏当年的选择。从唐骏的成功中，职场人士可以得到一些启示，那就是在选择第一份工作时，一定要去一家好公司。

唐骏在接受媒体采访时谈道：“只要你有能力，不在乎工作的性质，不在乎薪水的高低，你完全可以从很低的位置开始证明自己。而去管理不规范的小公司，哪怕一开始就做副总裁，对你未来的发展也没有太大的帮助。因此，不要眼高手低，选中一家好公司，先入门再说，跨进去后未来就是你的了。以应聘者身份踏进微软总部的那天，我以为从此可以天天近距离接触心目中的偶像——世界首富比尔·盖茨了。当时我那股天真和傻气的劲儿，就仿佛最不懂得分清现实和幻想的那一类追星族。当人力资源部的招聘经理对我说那番话时，我还相当不解。然而上班短短几天后，我已经不存在任何幻想了。眼前的现实告诉我，在制度严谨规范的微软，如果我没有特殊的作为，可能永远也无法和比尔·盖茨说上一句话。身处世界上最宏伟的软件帝国，我无法不生敬畏之心。就像一条小溪突然汇进了浩瀚的大海，我感觉自己一下子就被淹没了。我不禁自问：‘唐骏，你什么时候才能在这里熬出头？’一年以后，我才终于见到了比尔·盖茨。那是在微软的年度员工大会上，在租来的超大体育场里，我的目光从几百米之外，掠过上万名同事，默默地落在那个模糊而又清晰的身影上。在那一刻，我又感觉到了自己身上的巨大力量，和想要靠近那个身影的强烈愿望。我要证明，即使不能达到他的高度，我也有一颗同样向上的心。”

2.选好第一份工作

大多数大学毕业生，对于选择什么样的第一份工作，并不重视。特别是在“毕业即失业”的今天，大多数大学毕业生为了急于解决就业问题，他们会做出“只要有公司要，不管是否适合自己都匆匆答应”的选择。

当然，严峻的就业形势使得这种“先就业，后择业”的现状近十年内将不可能有大的改观。在这样的大背景下，许许多多的大学毕业生开始被动地接受了第一份工作，他们也清楚，这些工作都是他们不满意的，只不过迫于严峻的就业压力无奈妥协。

可能读者会问，他们明知不满意，为什么还要选择这样一份不满意的工作呢？究其原因，他们只不过是把第一份工作当做实现职业目标的跳板。

当然，这样做必将为之付出超过预想的代价，甚至有可能影响未来几十年的职业生涯。事实上，每一个职场人士在选择第一份工作时，必须选择适合于自己未来发展的工作，这样更有利于自己的职业生涯的定位，如果相反，则会给“将第一份工作当成进入职场的跳板”的职场人士在职业定位中产生很大的障碍。

根据国家劳动和社会保障部劳动科学研究所、北森测评网与新浪网策划的“第一次就业调查”结果显示：第一次选择工作时，有50%的人盲目地选择；而“先就业后择业”的人接近三分之一，即33.2%的人抱着“先就业后择业”的想法选择第一份工作；更不靠谱的是占16.3%的人，在“没有太多考虑”的情况下，就选择了第一份工作（见图1-3）。

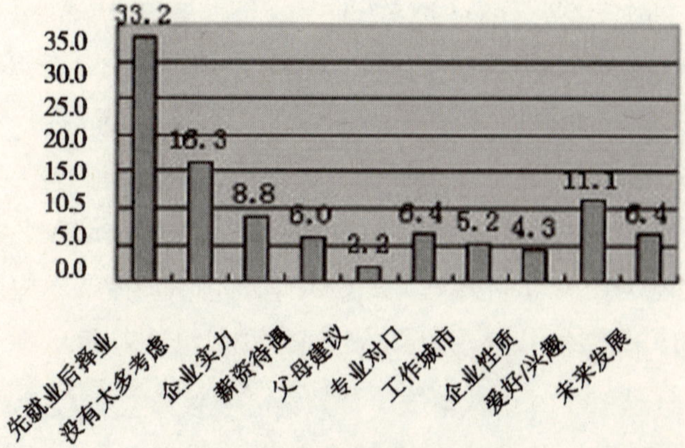

图1-3 “第一次就业调查”结果

从图1-3来看，大学毕业生的就业形势非常严峻，从职业发展的角度看，这样的选择肯定不利于未来的职业发展。因此，当选择第一份工作时，尽可能根据自己的兴趣、性格、拥有的工作技能来选择。

上述调查中，选择第一份工作时，根据兴趣爱好的人有11.1%，而根据未来发展进行选择的人有6.4%。

从上述两组数据可以看出，在选择第一份工作时，很多人都盲目，正是因为他们在选择时过于盲目，才导致了他们难以找到适合自己、有长远发展空间的岗位。

其实，盲目选择第一份工作，不仅找不到适合自己的工作岗位，而且还引发高离职率。据调查统计显示，大学生选择第一份工作就业，在一年之内，其离职率高达50%，在就职两年内，其离职率已经接近四分之三（见图1-4）。

这样的数据还在上升当中，其后果就是导致越来越多的用人单位往往不愿意用甚至有的用人单位不敢录用刚毕业的大学生。

而不愿意，甚至不敢录用刚毕业的大学生的用人单位的理由是：刚毕业的大学生们没有归宿感，频频跳槽，违约非常严重，甚至有的大学毕业生不辞而别。这不仅给用人企业造成不小的损失，同时也给大学毕业生自己的职业生涯增添了更多的障碍。

为什么会造成这种企业招不到适合于自己企业的人才，而大学毕业生找不到自己喜欢的工作的状况呢？究其原因就是大学毕业生在选择第一份工作时，没有找到适合于自己未来发展的工作。

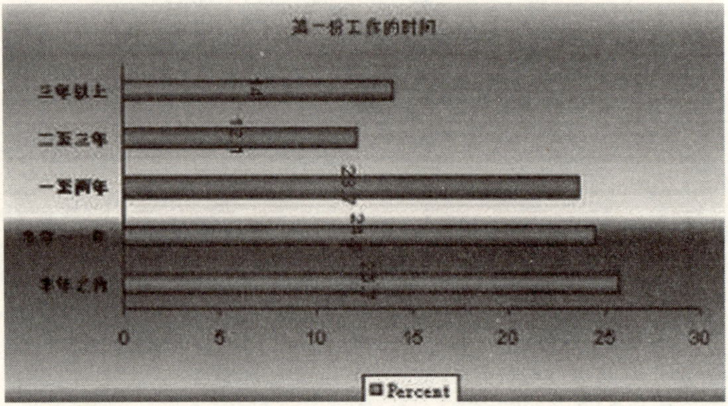

图1-4　第一份工作时间

众所周知，选择适合于自己未来发展的第一份工作是成为打工皇帝的第一步，只有走好了第一步才有可能实现自己的梦想。那么如何才能选择好自己的第一份工作呢？对此，国外职业专家建议：大学毕业生择业不妨依据企业的“生命周期”来考虑。所谓“生命周期”，就是指一般企业的寿命大致可分为5个阶段：开发期、成长前期、成长后期、成熟期与衰退期（见图1–5）。

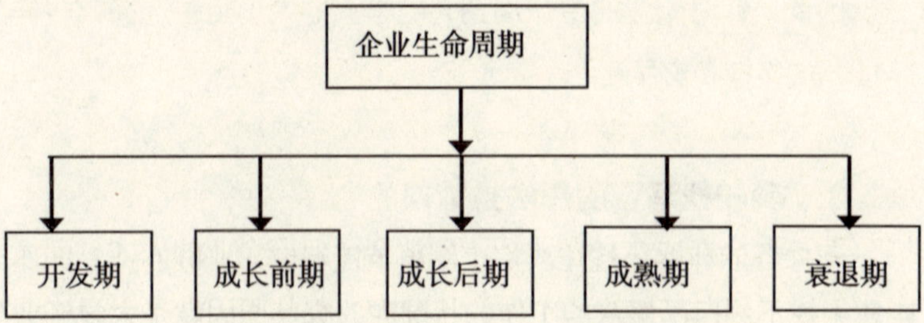

图1-5　企业生命周期

从图1-5可知如下几点：

第一，众所周知，处于“开发期”的企业，由于这种类型的公司刚起步，人才需求量较大，自我价值实现的机会往往较多。在很短时间内职场人士就可能会升到较高的位置。但是，职场人士需要注意的是，相对于成熟型公司而言，由于“开发期”企业的基础尚不够稳固，职场人士必须有承受较大风险的抵抗能力，否则不要考虑这样的企业。

第二，职场人士在选择处于“成长前期”的企业时，同样需要明白，尽管处于“成长前期”企业的晋升机会较多，但是“成长前期”企业的发展速度不如“开发期”企业的，其发展速度略微缓慢一些。选择“成长前期”企业，一般情况下，想在短期内获得晋升或加薪恐怕比较困难。因为在“成长前期”企业的工作生涯可能很漫长、辛苦，晋升的可能性也较小。

第三，在很多培训课上，我都告诫职场人士不要选择“衰退期”企业作为就职对象，除非职场人士具有力挽狂澜的超凡能力，可以使濒临关门的企业起死回生，否则根本不需要考虑。因此，职场人士大可不必去应战。

因此，针对企业的生命周期，刚毕业的大学生在选择第一份工作时，就应非常地慎重。

3. “骑驴找马”的想法是错误的

一个好的开始，往往决定一件事情能够取得较好的结果。作为职场人士，在选择第一份工作时，同样面临这个问题，那就是要成为一个标杆式的打工皇帝，就必须从第一份工作开始。因为要取得什么样的成就，就必须从什么样的高度开始。

美国西尔斯公司创始人理查德·西尔斯无论如何也没有想到，美国第三大电缆电视集团总裁贾尼丝·彼得斯的第一份工作竟然是到西尔斯公司玩具部站柜台，除了所得薪水之外，每售出一件玩具，都可以赚取10%的佣金。

西尔斯公司的薪酬策略，对售货员贾尼丝·彼得斯来说，绝对称得上是促进工作的最佳动力。贾尼丝·彼得斯不像其他售货员一样被动、机械地等着顾客们购物，而是去积极地、主动地挖掘顾客的购买需求。在这个过程中，贾尼丝·彼得斯不仅能揣摩顾客们的消费心理，而且还能精确地帮助顾客们挑选到他们想要的一切商品。尽管贾尼丝·彼得斯当时还在读高中，只不过是西尔斯公司的一名兼职售货员，但他所赚取的佣金比许多专职的售货员要多得多。

在西尔斯公司工作的人很多，但是成为跨国公司总裁的人却不多。在贾尼丝·彼得斯的意识中，正是自己在西尔斯公司的这第一份工作，让她赚到了她所需要的钱，而且受益匪浅——学到许多如何激发雇员尽最大努力出色地完成工作的技巧。并且，贾尼丝·彼得斯还认识到充分利用时间提高工作效率的重要意义。

在西尔斯公司的这第一份工作中，贾尼丝·彼得斯发现，在顾客不多、时间相对宽松的时候，售货员面临两种选择——或者到处转悠，找别的同事聊天；或者把玩具重新整理归位，做存货记录。

在这两种选择中，贾尼丝·彼得斯通过观察其他售货员的做法得出结论：最有效率的人往往是最善于利用时间的人。

贾尼丝·彼得斯还意外地发现：商家能否给顾客留下美好的印象，往往取决于商家的雇员同顾客的接触程度。这种接触有时候是面对面的，有时候是通过电话进行的。

贾尼丝·彼得斯还发现：那些在顾客光临时只顾站在一旁侃大山的售货员，损害的决不只是他们自己的利益，同时也损害了西尔斯公司的利益。

后来，贾尼丝·彼得斯在接受美国《商业周刊》采访时坦言："在西尔斯公司玩具部工作两年的经历对我的一生产生了深远而有益的影响。"

从贾尼丝·彼得斯的观点不难看出，第一份工作不仅影响着一个人的一生，同时还影响着一个人对商业的感知。如今贾尼丝·彼得斯是一家拥有1.4万雇员的大公司总裁了。不敢想象，若没有她第一次的工作经历，贾尼丝·彼得斯会不会取得今天如此令人向往的成功。

在本案例中，贾尼丝·彼得斯成为一名出色的职业经理人，当然与其第一份工作分不开。可能有读者会认为，选择第一份工作没有必要那么严谨，只要能找到一份工作就不错了，等在第一家公司立足之后，再寻找能够实现自己职业目标的公司。

但遗憾的是，当他们在找到第一份工作后，往往就失去了寻找能够实现自己职业目标的公司的动力。“良好的开端是成功的一半”。如果第一份工作得不到足够的锻炼，只是在最基层做重复性的简单工作，那将是对自己职业生涯最大的浪费。

对这个问题，著名的成功学家拿破仑·希尔在接受媒体采访时曾这样强调：“这种从基层干起，慢慢往上爬的观念，表面上看来也许十分正确，但问题是，很多从基层干起的人，从来不曾设法抬起头，以便让机会之神看到他们。所以，他们只好永远留在底层。我们必须记住，从底层看到的景象并不是很光明或令人鼓舞的，反而会抹杀一个人的进取心。我们把这种情况称做安于现状，不求进取，意思是说接受了命运的安排。因为有人已经养成了墨守成规的习惯，而且这种习惯越来越根深蒂固，以至于后来无法打破。”

从拿破仑·希尔的话中不难看出，在选择第一份工作时还要选择一家适合自己长远发展的公司，这样才能离打工皇帝的门越来越近。

市值从2006年的15亿美元到2008年4月的41.2亿美元的携程网，已经拥有了8000名员工。然而，让人们意想不到的是，身为携程网首席执行官CEO的范敏，他的第一份工作竟然是在旅行社接发传真。

有媒体采访范敏：“研究生毕业为什么会选择进入旅游业？”

范敏坦言说：“在20世纪90年代初的中国，特别是国际大都市上海，其旅游业非常热门，非常火爆。当年上海的希尔顿饭店招收服务人员，许多的大学本科生都去报考。”

确实，这样的炙热程度在今天的我们看来依然是不可想象的。范敏因在新亚国际旅行社有熟人，在熟人的推荐下，范敏进入了旅行社的计调部工作。

20世纪90年代初，研究生毕业的范敏进入上海新亚国际旅行社。尽管是研究生毕业，范敏却从最基层的岗位干起——刚开始工作的时候，范敏负责在计调部接发传真，安排旅行团队，联系供应商。

然而，不到一年的时间，范敏就升任上海新亚集团公司总经理办公室助理，之后去上海海仑宾馆担任管理实习生。

由于范敏始终保持着一份平和的心态，在1996年，范敏就担任上海新亚（集团）酒店管理公司副总经理。对此，范敏在接受媒体采访时说："其实在毕业之初，我可以选择进入政府部门工作，也可以进入金融机构工作，但最终选择了当时看似在社会上没有什么地位的旅游行业。一个最重要的原因就是我一直认为'越是人才少的地方，越容易冒尖'，通俗点讲就是'山中无老虎，猴子称大王'。"

范敏的成功，源于当初对第一份工作的选择。

第一份工作如此重要，但还是有许多人不以为然。许许多多的职场人士依然是先找个企业先就业，等在该公司稳定以后，再选择一个能够实现自己职业目标的工作。而且，这种现象已经相当普通了。根据某专业人才网站专门对毕业生就业情况进行的网上抽查，在"对自己第一份工作抱有什么态度？"的问题中，竟然有42.71%的大学毕业生选择了"骑驴找马"。这部分大学毕业生认为，可以边做边找更好的机会。而选择在这家企业努力工作的大学毕业生有39.98%。17.31%的大学毕业生选择"做得开心就做，不开心就走人"（见图1–6）。

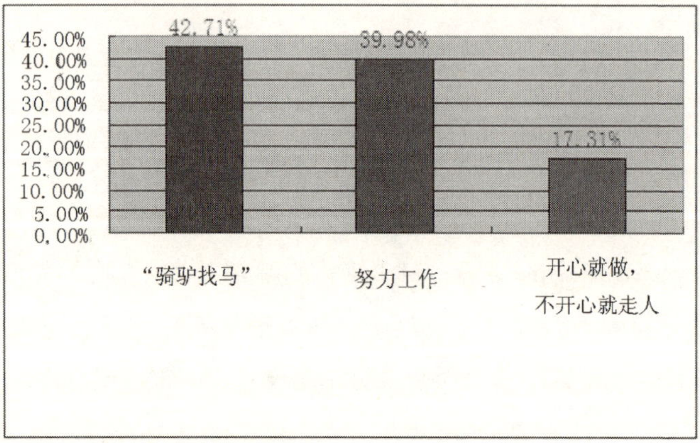

图1-6 "对自己第一份工作抱有什么态度"调查数据

同时，该网站"对首份工作是否满意？"的问题调查，得到的结论是：满意为7.85%，比较满意为27.26%，不太满意为44.96%，不满意为19.93%（见图1-7）。

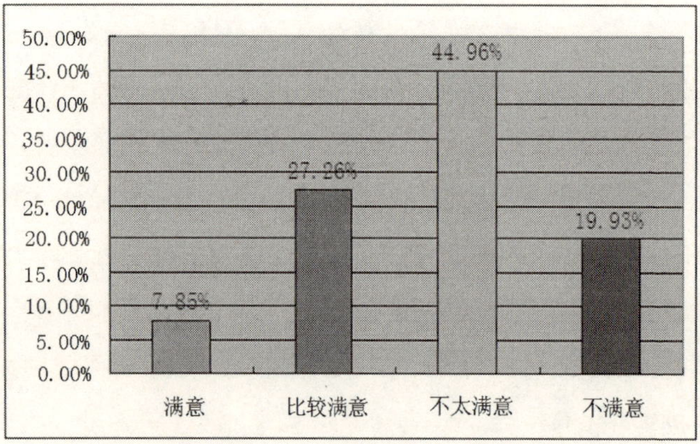

图1-7 "对首份工作是否满意？"的调查数据

从上述调查数据可以看出，在图1-6中，有60.02%的大学毕业生对第一份工作都是不看好的，而图1-7中，只有7.85%的人对第一份工作满意。尽管该数据只是网上的调查，但是从图1-6和图1-7的这些数据中还是不难看出，有些毕业生就业态度不认真。对此，劳动保障部门的专家提醒：毕业生不要看轻第一份工作。虽然当初只是为了某种原因而签约，但是从个人的能力培养和现今企业看重工作经验的情况来看，过分短暂的就业不会给以后的跳槽带来好处。

从劳动保障部门专家的建议中足以看出第一份工作的重要。求职者一旦盲目草率地选择第一份工作，那么就与成为打工皇帝的职业规划背道而驰了。

1991年，李彦宏在北京大学信息管理专业毕业，随后，他赴美国布法罗纽约州立大学，完成计算机科学硕士学位。李彦宏在美国读书的两年半当中，正好遇到互联网的发展，特别是搜索引擎发展初期，李彦宏作为全球最早的研究者之一，创建了ESP技术，并将它成功地应用于infoseek/go.com的搜索引擎中。co.com的图像搜索引擎是他的另一项极具应用价值的技术创新。

时间回到1993年的5-8月，这是布法罗纽约州立大学的假期。当时的李彦宏跟中国大多数留学生一样，决定出去打工。在网上看了不少招工广告，李彦宏捡着适合的，发了几份简历过去。对李彦宏来说，这就是幸运的开始，一家叫Matsushita的公司愿意接收李彦宏去做实习工作。

不知何时，李彦宏要去一家公司实习的消息很快在中国留学生中传开了。传播如此之快的原因主要是：该公司愿意支付每小时25美元的实习报酬给李彦宏。在中国留学生的实习报酬中，在同等条件下，这样的报酬在当时的中国留学生中几乎是闻所未闻的。与李彦宏合租房子的室友问李彦宏：“你去实习的公司到底是哪家公司？”

当时的李彦宏并不知道这家公司的真实背景，有点腼腆地说：“Matsushita，名字怪怪的小公司。”

室友听后大惊：“这还是小公司，它就是日本的松下公司。”室友跟李彦宏解释说，Matsushita是日本松下的日文直译，怪不得这么拗口。

而后，李彦宏就在位于普林斯顿的松下信息技术研究所正式开始实习。这是李彦宏人生第一次走上岗位。普林斯顿是一个宁静美丽的小城，但是著名的普林斯顿大学曾经培育出爱因斯坦等大科学家；同时，这里也是工业界，尤其是IT界的研究基地。

李彦宏在实习期间，非常有创新性地提出一种提高识别效率的算法，李彦宏的这一重大发现当即受到松下高度重视。按照惯例，实习生实习后都必须要回到学校去，而松下为了留住李彦宏，竟然打破常规，继续聘用李彦宏做兼职，并鼓励李彦宏把这一研究成果写出来发表。当李彦宏在一次国际学术会议上宣读这个研究成果的时候，立即得到国际OCR学术领域一位“泰山北斗”的赏识，在他的推荐下，这一成果顺利发表在国际权威学术期刊《模式识别与机器智能》上。

李彦宏知道，他的研究成果得到国际大佬的认可，与他在松下的第一份工作有着非常紧密的关系。李彦宏发现，工业界搞研究和学校搞研究不同，工业界研究的是实用的东西，学校研究的是宏观的、基础性东西。在后来的实习工作中，李彦宏逐渐感到，他的兴趣不在学术研究上，而在做实用的产品上。

当李彦宏从松下信息技术研究所实习回来后，他决定放弃唾手可得的博士学位，鼓起勇气闯荡美国的工业界。之后，李彦宏在华尔街打工三年，在帮助《华尔街日报》网络版开发软件时，他发现了一种可以根据网络连接数目进行网站排名的搜索方法。之后，他加入Infoseek公司，和首席技术官一起开发第一代搜索引擎。

再之后的故事，就人人共知了。1999年底，李彦宏携风险投资回国创建百度。

当然，不管是唐骏，还是李彦宏，他们能取得如此辉煌的业绩，都与第一份工作密切相关。因此，要想成为打工皇帝，在选择第一份工作时，必须慎之又慎，最好是选择能够实现自己职业目标的工作，避免为了一些蝇头小利而委曲求全，最终给未来的职业生涯规划埋下隐患。同时，还需要发挥自我洞察力，对自身知识结构、综合能力、个性、职业要求和职业环境条件做出相应的评估，以此来判定自己的职业人生。当然，我们选择第一份工作时，就要以此为契机，作为职业生涯的开始。

对此，职业生涯开发与管理专家程社明博士认为：在职业生涯早期，得到最大锻炼的工作就是最好的工作，努力把它做好以获得提升。

当然，也有专家建议：如果有可能的话，尽量要从基层的上一步或上两步开始，这样就会免去最底层单调生活的折磨，避免形成狭隘的思想和悲观的论调，尤其是避开低层次的斗争。

对于职场人士而言，在一个较低的层次上，由于资源和机会的有限，由于部分人员素质的不够，就容易加剧公司的内耗，而且这种内耗往往都非常惨烈。许多职场人士还没有晋升之前，就已经元气大伤、锐气全无了——他们把太多的热血流在了污泥中。

三、创业并不适合每个人

21世纪的今天，创业已经成为中国目前最热的词汇之一，这也影响了千千万万的职场人士。但是，作为职场人士，需要定位好自己的职业规划，不仅要想到创业是一项非常艰苦的工作，需要付出很大的代价和努力，而且要认识到并不是每个人都适合创业。对此，UT斯达康中国公司前总裁吴鹰在中央电视台经济频道《赢在中国》点评选手时说："创业者需要多方面的素质。各位评委和选手在《赢在中国》节目中已经讨论很多了，我在这里要说的是：创业最重要的是要了解自己。首先要看看自己是什么特点的人，是不是适合创业。并非有了一个简单的想法，或者非常聪明的、非常好的想法，就可以创业。"从吴鹰的话中可以明白，创业并不是每一个人都要经历的人生路径，立志做一位优秀的打工皇帝也不错。

1.年轻人不要盲目创业

尽管创业是当今人们最爱提及的词汇之一，但对每一个职场人士来说，是做创业者还是做职业经理人，这个问题，还是困扰着他们。

对此，微软中国有限公司前总裁、盛大网络前总裁、新华都CEO，被称为"打工皇帝"的唐骏，在接受媒体采访时提醒职场人士说："年轻人不要盲目创业。"

唐骏为什么告诫年轻人不要盲目创业呢？唐骏拥有如此出众的经历与能力，他为什么不选择自己创业而选择继续打工？

对此，唐骏解释说："很多人都曾经问过我这个问题，其实创业有两个目的：一个是财富，另一个就是感觉，一种当老板的影响力。财富我并不比很多创业人少，那么感觉呢？新浪网曾做过一个调查，结果显示：有82%的人不喜欢自己的企业，不喜欢自己的老板。你的企业规模越大，不喜欢你的人也越多。你说这种感觉还能好吗？”

然而，人们的创业激情还是很大的，社会上兴起一轮又一轮的创业热潮。特别是比尔·盖茨和迈克尔·戴尔辍学创业，创造了自己的王国，引发了全世界大学生的创业风暴。

面对这样的创业大潮，唐骏告诫有着创业梦想的大学生说：“当前大学生创业成功的概率非常低，主要是创业需要成熟的商业模式、资金、经验等等，所以我不反对创业，但绝对反对盲目创业。其实，为别人打工也完全可以获得你想要的。”

我们反观那些失败的创业案例，就不难理解唐骏告诫“年轻人不要盲目创业”这句话。其实，盲目创业失败的比例很高。据一项调查数据显示，在中国大陆地区的创业企业中，如果按照100家企业计算，能够生存一年的企业只有20–30家，能够生存三年的企业就只有6–9家。更不要说是大学生创业了，其创业失败的几率更高，甚至高达99%。

创业为什么会有如此高的失败率呢？对此，北京德翰创业管理咨询公司合伙人王东晖坦言：“创业失败往往源于盲目，创业前的准备是很重要的。创业者在创业前需要明确地知道自己的核心竞争力在哪里，是技术、产品、服务、人脉资源，还是资金实力、政府关系等等，如果上述资源中在所在的领域具有一定的优势，创业初期就比较容易生存下来。”

不管是唐骏的告诫，还是王东晖的创业失败分析，他们的观点都值得思考。创业不仅是一个艰苦的过程，而且在创业的过程中需要资金、技术、人才和创业者永不放弃的精神。并非有了一个简单的想法就可以创业。

反观创业的过程可知，创业企业从创业计划书到把产品推向市场，这期间都需要创业者科学合理地处理好各种问题，如在各个环节的资金分配与调度、人才招募、营销策略制订，以及面对市场趋势的诸多变化。只要任何一个环节出现一点点问题，对于脆弱的创业企业来说，都可能是致命的。为此，我们来分享一个失败的创业案例，相信职场人士会更加清楚地认识自己。

不得不承认，谢小康的创业计划堪称完美——开办一家纯中国风格的手工布鞋坊。

谢小康的创业第一步，就是写创业计划书。在创业计划书中，谢小康还特意把创业背景作为一个重要部分列出。在谢小康看来，创业背景是创业计划书的重头戏，她说："现代都市生活中的人们，开始感悟传统服饰独特的魅力和丰厚的文化意韵。"

谢小康还起了一个一语双关的产品名称——小康手工布鞋。谢小康对"小康手工布鞋"的定位是：小康手工鞋业，主产纯中国风格的手工布鞋。它穿着柔软舒适，取料纯天然，既可保健养脚，又有个性魅力，和如今随处可见用橡胶、塑料、合成材料制成的现代鞋类相比，堪称当之无愧的"环保鞋"、"绿色产品"，迎合国际潮流，追随怀旧时尚，是当今都市休闲族的最佳选择……

经过几年商学院熏陶的谢小康，在进行创业投资前，不会"理性思考"。她的MBA导师告诉谢小康：创业之前，可行性论证一定要做得仔仔细细、慎之又慎。

众所周知，要想创业，就必须得有创业资金。在谢小康看来，尽管自己筹集的资金不多，但开个手工布鞋店似乎绰绰有余了。理由是：手工布鞋是劳动密集型产业，科技含量不会太高。

于是，谢小康开始预算这个手工布鞋坊的前期投入，如原材料投资、设备投资、人力投资、流通环节投资、销售费用、店铺租金等等。

第一，原材料投资。在谢小康的创业项目中，主要是挖掘民间传统手工鞋工艺，弘扬中国传统服饰文化。谢小康首先要做的是，设计手工鞋的款式。随着时代的发展，人们的个性化需求日益明显，个性化也成为商家追求的标准。就布鞋的设计款式来说，已远远多于十几年前，多得让人目不暇接——圆口的、方口的、松紧的、仿古的、时装的、布面的、呢面的、灯芯面的、绸缎面的、化纤面的、帆布面的、水洗布面的、素面的、碎花的、大花的、暗花的、系带的、网眼的、高帮的、低帮的、单的、棉的，卡通风格的、动物系列的、镶嵌皮料的……如此丰富的手工鞋款式，让人眼花缭乱。这样就必须得找一间仓库，放上几十个架子，储放布料和辅料。此外，还得买麻线、棉线、尼龙线、成袋的面粉、夹板、锥子、顶针之类，所有这些前期投资，预计花30万元。

第二，设备投资。要设计丰富多样的款式，就必须要建一个像样的设计室，需要购买几台能够设计的电脑，需要购买正版的autocad设计软件和photoshop图像软件，需要购买扫描仪,需要购买彩色打印机等；同时还必须有一个宽畅、通风、明亮，有完善的照明设备、空调设备、消防设备的生产车间；必须有几套机械化辅助生产设备，如裁样机、上线机、切边机、锁眼机，它们可让手工活儿变得更规范更漂亮……预计花20万元。

第三，人力投资。对于手工鞋业来说，这是最重要的投资。必须有一位优秀的产品设计师。产品设计师要懂美术、会电脑、掌握消费潮流、了解国内外市场，还要能理解老板的意图，衔接生产环节……产品设计师每月工资至少3000元。基本劳动力，不妨先从再就业市场招聘10名踏实、能干、有经验的鞋厂下岗工或退休工，以女性为主，每月工资标准暂定800元，优者奖励。还需要一位销售经理，负责市场推广工作，此人每月工资，至少2000元……预计再花20万元。

仅仅三项投资，就已经接近100万元。还有店铺租金呢，还没有计算。在商业高度发达，寸土寸金的北京，漫说东单、西单那样的黄金地段，就是三环路上的那些临街店铺，价格也高得离谱：一套20平方米的小店面，月租至少5000元，全年就是6万……但是如果把手工鞋店放在三环以外的地方，又没有太大的轰动效应。

而且，谢小康知道，手工做鞋的效率很低，即使像谢小康奶奶那样的做鞋高手，做一双像样的布鞋，前后也得三天——粘布壳得用20-30层棉布叠合，晾干后剪下底样，用麻线纳千层底，一针一线地纳鞋底儿，得戳整整800个针眼儿呢。照此算下来，一个设计师，10个熟练工，一个月也不过做80双鞋，而工资却要开出15000元！这80双鞋能换来15000元钱吗？谢小康有点颤抖了……

就这样，经过一个多月的苦心思索，谢小康那个38页的创业计划，瞬间变成了一堆废纸。

谢小康的失败，在于她不仅缺乏实干的勇气，而且还缺乏成功创业者的果敢和强势。因此，职场人士，特别是那些刚走向岗位的年轻人，不可盲目地选择创业。

即使要创业，最好积累创业所需的商业运营资金经验、商业模式、客户资源。如果这些条件成熟，创业失败的几率才可能降低。

2.搞清楚你在为谁工作?

你在为谁工作？如果你在大街上问100个人，大概有95人以上都会认为是为老板工作，而自己是一名不折不扣的打工者。

说起为谁工作，相信更多的人会说自己是在打工，那么我们就从“打工”两字说起。

“打工”一词源于中国香港特别行政区，在20世纪80年代，随着中国大陆地区的改革开放，“打工”这个词语就从香港传入中国大陆地区。所谓打工就是指，“受雇于人”，包括以下三个要素（见表1-7）：

表1-7　受雇于人的三个要素

（1）	受雇于人，替别人工作（包括为政府或者为私营机构工作）。
（2）	本身不是老板。
（3）	收取工作的薪酬作为主要的收入来源。

从表1-7可以看出，打工的人往往本身不是老板，主要靠收取工作的薪酬来作为主要的收入来源。

其实，这就是典型的打工思维。

正是这种打工思维禁锢了成千上万的职场人士。从某种意义上说，长期的打工心态不仅让很多人忽略了自己的工作责任，而且还成了一些人成长为打工皇帝的绊脚石。因此，要想成为打工皇帝，就必须明白：在成为打工皇帝之前，打工者要站在老板的角度上考虑问题，从而以老板的心态兢兢业业地将工作执行到位。我们的工作，看起来似乎是在为老板工作，实质却是在为自己工作。以老板心态将工作执行到位，就会间接地为成为打工皇帝积累资本。

在中国，素有“打工皇帝”之称的唐骏，并不是一直都在做打工皇帝。恰恰相反，唐骏是从老板开始的。据资料可知，在1990年，到美国读书的唐骏仅仅用了短短两年的时间，就成了三家公司的老板。

在当了三家公司的老板后，唐骏发现在美国创业非常容易，只要花几十美元，就能注册一家公司。在商业文明极度发达的美国，唐骏一下子就做了三家公司，而且，这三家公司的主营业务及其经营范围截然不同。尽管这三家公司的规模都不大，但是都能盈利。

这三家公司虽然只有几十名员工，但是一年的利润就有几十万美元。这对唐骏来说，无疑是非常欣喜的。用唐骏自己的话说：“就是当时胆子很大，路子很野，看到什么赚钱就去干，想尽别人想不到的办法去把事情做成。”

正是唐骏这样“不会被条条框框限制自己的思路，拥有挑战和创新的精神”的行事风格，才一次次把唐骏送上“打工皇帝”的宝座。

1994年，对于唐骏来说是一个非常重要的年份，因为他的职业生涯在这一年发生改变——他接到微软日本公司的电话：“你好，我是微软日本公司，台式婚姻配对机是不是您的发明？产品显示了您的创造力和想象力，有没有兴趣加盟我们公司？”

唐骏自己也没想到，微软会主动打电话邀请他加盟。

但是，唐骏却婉言谢绝了。

两个月后，微软美国总部再次给唐骏打电话："我们正在开发WindowsNT3.5版本的远东版，您既懂英文，又懂中文和日文，还独立开发过富有想象力的软件产品，我们非常需要您这样的人才。您是否愿意以工程师的身份来参与我们的这个开发小组，加入微软总部工作？"

面对微软美国总部抛出的橄榄枝，唐骏自己做老板的思维开始改变了，特别是微软总部在电话中说："微软的技术核心和管理核心都在美国总部，到这里来能够学到非常有用的东西。"

正是这番具有煽动性的话，最终打动了唐骏。唐骏的双鹰软件公司也是做软件开发的，同样是做软件，为什么微软能成为全球的霸主，而唐骏的小公司只能接日本人的小单？企业做大做强的秘密，究竟是什么？

此刻，站在十字路口的唐骏非常清楚，除了关键技术之外，企业管理也是一个重要因素。唐骏想知道比尔·盖茨是怎么解决这些问题的，唐骏很好奇，所以决定去微软看一看，看看微软公司是怎样运转的，说不定有启发。

在好奇心的驱使下，唐骏下定决心到位于美国西雅图的微软总部参加面试。当唐骏在微软公司的面试结束之后，唐骏已经看到了自己和微软公司的差距在哪里，需要学习的地方比唐骏想象得还要多。比如，唐骏在创业的过程中遇到种种问题，一般都归咎于是管理出了问题；当唐骏到微软面试之后，才发现自己还根本没有摸到管理的门道。对于急于要把小企业做大做强的唐骏来说，尽管管理很重要，却不是全部，还有很多其他的因素。

在找到与微软的差距后，唐骏认为，自己可以加盟微软公司，毕竟微软公司有太多的东西可以学，而这些东西可能是唐骏一辈子也解决不了的。从此，唐骏走上了职场的道路，当时的唐骏并没有意识到，这是他成为中国第一“打工皇帝”的开始。

多年以后，当唐骏已经成为中国第一职业经理人的时候，已经拥有了足够的资金、管理经验和人脉关系。当无数的创业机会在向唐骏招手的时候，唐骏却说：“我会一直打工。”

可以肯定地说，唐骏开创了中国职业经理人的一个时代。在唐骏之前，中国由于缺乏对职业经理人的了解，没有这个概念，更谈不上敢用职业经理人了。

柳传志、马云、俞敏洪、史玉柱等一批创业者的成功激活了中国数千年来的创业热情。在人们的意识中，只要当上老板，就意味着握有生杀大权，而给老板打工卖命仅仅赚一点血汗钱而已，这种认识跟香港最早的关于打工的观点非常相似。

要想成为打工皇帝，其实持有这样的认识是不正确的。对此，唐骏在接受媒体采访时说：“这种观念是不对的，我觉得我有义务扭转这种观念，告诉现在的年轻人，成功不仅仅只有创业一条路，打工一样可以成功。在美国有很多很好的例子，有些顶级的职业经理人，他们的收入比很多企业家更高，他们在商界地位超然，他们的管理思想和理念影响着更多的人。我希望在中国也能产生这样的职业经理人，不是一个人，而是一个队伍。那就需要更多的年轻人，有理想有能力有创意的年轻人，加入到这个队伍中来。”

唐骏有着微软中国有限公司前总裁、盛大网络前总裁及新华都集团总裁兼CEO这些头衔和传奇经历，被人们称为“打工皇帝”。唐骏认为成功不仅仅只有创业一条路，打工一样可以成功。也正是这样的思维，使唐骏成为了中国的打工皇帝。如果你想成为打工皇帝，就必须放弃自己是打工者的思维，以老板的心态兢兢业业地对待工作，那么成为打工皇帝的梦想就有可能会实现。让我们来看看美国钢铁大王卡内基的故事。

美国钢铁大王安德鲁·卡内基，是一个非常传奇的人物。在安德鲁·卡内基进入钢铁业之前，他不过是宾夕法尼亚铁路公司的一名小职员。

当时，宾夕法尼亚铁路公司的总经理是考斯特，不仅威望很高，工作经验也非常丰富。对于像安德鲁·卡内基这样刚踏入社会的人来说，考斯特就是自己崇拜的偶像。美国当时的铁路运营都是单线的，有时为了错车通行，宾夕法尼亚铁路公司经常需要用电报指令发车。当然，电报指令发车也只是一种应急手段，其风险非常大，所以只有经过宾夕法尼亚铁路公司总经理考斯特授权的人，才可以使用电报指令。

当时的美国铁路，处于高速发展时期，铁路建设在火热进行中。但很多铁路员工由于没有受过培训，火车出现事故的事情经常发生。出现事故后，考斯特晚上常常去事故现场，整夜指挥疏通交通，所以上午一般就来得比较晚。

一天上午，安德鲁·卡内基早早地来到办公室上班了，而考斯特没到。安德鲁·卡内基发现，铁路东部发生了一起严重事故，耽误了向西开的客车开车。在铁路运营中，东向的列车一般都是由信号员一段一段地用手工信号引领着向前的，这样的手工效率非常低下，没人指挥，这两个方向的列车都必须停止运行。

面对紧急问题，安德鲁·卡内基必须作出决策。正是这个决策显示了安德鲁·卡内基与众不同的领导力。本来安德鲁·卡内基，想把这一情况汇报给考斯特，可短时间内找不到考斯特。于是，安德鲁·卡内基在没有领到授权的情况下，就私自以考斯特的名义发出了行车指令。

对于安德鲁·卡内基来说，这项业务再熟悉不过了，通常情况下，都是考斯特口授，安德鲁·卡内基记录。而这次，由于是自己单独操作，安德鲁·卡内基特别小心，他坐在机器边，仔细观察信号，因为一旦出错，就意味着自己被开除。幸运的是，一切都非常顺利，而接受指令的人，并不知道这些指令是安德鲁·卡内基发出的。

下午时分，疲倦的考斯特终于回到办公室。安德鲁·卡内基由于没有得到考斯特的同意而私自发出发车指令，内心还是忐忑，几乎不敢正视考斯特。

后来，安德鲁·卡内基得知，就在当天晚上，考斯特对一位部下透露，要不是卡内基发出行车指令，考斯特就要承担停车事故的责任。安德鲁·卡内基在最关键的时刻帮了考斯特一个大忙。

看到安德鲁·卡内基有这样超凡的管理能力之后，考斯特干脆就把这件事交给安德鲁·卡内基来办。之后，安德鲁·卡内基的故事地球人都熟知——他成为美国的钢铁大王。

从安德鲁·卡内基的这个案例中，我们不难发现，正是安德鲁·卡内基有了这种老板的心态，使之在工作中逐渐积累经验，掌握了电报发车的要诀和技巧。

从此，安德鲁·卡内基从一个普通的小职员升任专业的发车员、总经理，再到大家熟知的钢铁大王。

如果你想成为一位优秀的打工皇帝，就必须像唐骏和卡内基那样，认定自己是在为自己打工，否则，你将会陷入长期固化的打工思维中，得不到发展，更难成为打工皇帝。安德鲁·卡内基在接受美国《华盛顿邮报》采访时说："但凡有了像老板一样的心态，自然就成为一个值得信赖的人，让自己成为一个老板乐于接受的人，老板就会把重要的工作分派给你。当然，有老板心态不一定都会成为老板，需要注意的是，如果缺乏老板心态的人肯定成不了老板。其实，这里讲的老板心态，就是说要以老板的心态对待工作，把自己当做公司的老板一样，把公司当成自己的事业。换位思考一下就不难理解，假设自己是老板，一定会希望员工能和自己一样，更加努力，更加勤奋，更加积极主动。当老板提出某种要求时，你就应当积极努力去做，用心去做，创造性地去做。"

3.标杆式打工皇帝的薪酬并不比当老板差

如果只是为了挣得更多的钱，做小企业的老板还不如做大企业的CEO，因为大企业的CEO的年薪将是巨额的。

2011年8月5日，《福布斯》中文版发布2011年中国上市公司CEO薪酬榜单，2011年中国上市公司A股CEO前十位薪酬榜单前十位的是（见表1-8）。

表1-8 2011年中国上市公司A股CEO前十位薪酬榜单

排　名	CEO/总裁	2010年薪酬（万）	名　称	总部所在市	所属行业
1	马明哲	987	中国平安	深圳	多元化保险
2	李建勇	800	广发证券	广州	投资银行业与经纪业
3	洪崎	684	民生银行	北京	多元化银行
4	郁亮	680	万科A	深圳	房地产开发

续表

5	理查德·杰克逊	554	深发展A	深圳	多元化银行
6	姚小青	514	红日药业	天津	西药
7	马永春	471	国际实业	乌鲁木齐	煤炭与消费用燃料
8	方洪波	405	美的电器	佛山	家用电器
9	孙尚传	400	大富科技	深圳	通信设备
10	王　超	382	太平洋	昆明	投资银行与经纪业

（本表资料来源于《福布斯》中文版）

在表1-8中显示，年薪名列第一的是中国平安CEO马明哲，年薪987万元；年薪排名第二的是广发证券总经理李建勇(已离任)，年薪800万元；年薪名列第三的事民生银行行长洪崎，年薪684万元。

从2011年中国上市公司A股CEO前十位薪酬榜单上不难看出A股市场目前已经迎来了高薪时代。然而在《福布斯》中文版发布2011年中国H股非国有上市公司CEO的高薪令其A股的同行相形见绌（见表1-9）。

表1-9　2011年中国H股非国有上市公司CEO薪酬榜前十名

1	杨元庆	男	47	联想集团	7872.4万元
2	戴永革	男	43	人和商业	6745.4万元
3	夏海钧	男	47	恒大地产	4794.7万元
4	李振江	男	55	神威药业	4400.4万元
5	卫　哲	男	41	阿里巴巴	4053.9万元
6	张才奎	男	60	山水水泥	3341.8万元
7	张学斌	男	48	创维数码	2493.82万元
8	林孝文	男	64	中渝置地	1991.02万元
9	李文俊	男	40	理文造纸	1923.03万元
10	张志勇	男	43	李宁	1912.3万元

（本表资料来源于《福布斯》中文版）

在表1-8中显示，年薪名列第一的是联想集团CEO杨元庆，年薪7872万元；年薪排名第二的人和商业总裁戴永革，年薪6745万元；年薪名列第三的是恒大地产总裁夏海钧，年薪4795万元。H股薪酬最高的联想集团总裁杨元庆的薪酬为A股最高的中国平安董事长兼CEO马明哲的8倍。

当然，尽管中国上市公司CEO的年薪上千万元人民币，但与美国公司CEO的年薪相比，则是小巫见大巫了。

2012年4月8日，据纽约时报报道，2011年，美国苹果公司现任首席执行官蒂姆·库克成为2011年薪酬最高的美国企业CEO（见表1-10）。

表1-10　2011年美国企业CEO前十名薪酬

1	苹果CEO蒂姆·库克（Tim Cook）	3.78亿美元
2	甲骨文CEO拉里·埃里森(Larry Ellison)	7760万美元
3	J.C. Penney CEO的罗纳德·约翰逊（Ronald Johnson）	5330万美元
4	维亚康姆（Viacom）CEO菲利普·道曼（Philippe Dauman）	4310万美元
5	霍尼韦尔国际公司（Honeywell International）CEO大卫·科特（David Cote）	3530万美元
6	西方石油公司 CEO史蒂芬·查森（Stephen Chazen）	3170万美元
7	华特·迪士尼CEO罗伯特·伊戈尔（Robert Iger）	3140万美元
8	马拉松石油公司CEO克拉伦斯·卡扎洛特（Clarence Cazalot Jr.）	2990万美元
9	福特汽车CEO艾伦·穆拉利（Alan Mulally）	2950万美元
10	新闻集团CEO罗伯特·默多克（Rupert Murdoch）	2940万美元。

不管是中国A股公司CEO，还是中国H股非国有上市公司CEO，抑或是美国企业CEO，一个CEO的年薪达到上百万元人民币，而苹果CEO蒂姆·库克（Tim Cook）的年薪竟然达到了3.77亿美元。这样的薪酬并不比中国1000万家中小企业的老板赚到的钱少。当然，不管是蒂姆·库克，还是杨元庆，其不菲的年薪足以让不少的中小企业老板羡慕。当然，他们并不是惟一的，在中国大陆地区，还有很多年薪上千万元人民币的CEO。

上述一组组数据显示，在一线优秀的打工皇帝中，其年薪上千万，并不比中小企业老板挣得少。

不管是唐骏也好，卫哲也好，杨元庆也好，魏家福也好，他们高额的薪酬树起自己打工皇帝的地位，并为广大职场人士创造了一个成功的路径。

因此，可以这么说，经营中小企业所赚的利润并不一定比做打工皇帝多，就像上述案例中那几个典型的打工皇帝，他们的薪酬已经比许多中小企业创业者要高很多，特别是在今天这个用工成本上升、原材料上涨、国外贸易壁垒更高的时代，创业并不一定就是一条最好的路。

诗人弗洛斯特的名诗《未走的路》中说：

树林有两条路，我只能走其中一条。当我选择了一条路，那么我只能遗憾地遥望那条未走的路。

相信这句诗能给许多盲目创业的人以警示。

【第二章】

找对适合自己的老板

一个好的老板，他一般来说是一个老师、一个教练、一个朋友、一个力量的源泉，有事会找到他，你从他那里回来就特别精神，积极性就上来。所以想找一个好的老板，他具有这些部分，你就成功了一半。

——新闻集团全球副总裁兼星空传媒（中国）CEO 高群耀

一、好老板才能让你成为打工皇帝

成为打工皇帝的前提是，找到一个像比尔·盖茨、李嘉诚、王永庆、柳传志一样的好老板。作为职场人士，如果你是一位职业经理人，那么选对老板对于你成为像杰克·韦尔奇、唐骏、杨元庆等标杆式的打工皇帝是尤为关键的。事实证明，在大多数情况下，如果职场人士立志成为职业经理人，最怕的一件事情就是选错了老板。一旦选错了老板，不仅白白地浪费自己的时间和精力，甚至还耽误成为打工皇帝的机会。前文有述，西楚霸王项羽的谋士范增，是可以比拟张良的谋士。然而，不幸的是，范增选错了老板，一世英名被项羽给毁了；而张良却要幸运得多，这主要取决于张良正确地选择了自己的老板，不仅名利双收，还彪炳史册，流芳百世。因此，好老板可以让你施展才华，而坏老板只能让你明珠暗投。比如，在官渡之战中，许攸向袁绍提议，夜袭许昌，而袁绍刚愎自用，没有重视许攸的作战方案，结果错失了战胜曹操集团的战机。而后许攸弃暗投明，向老板曹操提议，奇袭乌巢，结果使得曹操集团扭转战局，大胜袁绍集团，许攸因此名垂青史。从这些历史的案例中，我们能看到这样一个事实，那就是：你要成为具有标杆式的打工皇帝，就必须选对老板，因为好老板才有可能让你成为打工皇帝。

1.找工作，更应找对老板

事实上，要想成为一名标杆式的职业经理人，就必须找到一个适合于自己人生职业规划的老板，因为你的人生可能会因为一个好老板而改变。

几年前，笔者曾经和诸位一样困惑，同样的一个人遇到不同的老板，其评价截然相反。如今自己做了老板，我才明白遇到一个好老板的重要性，这也就是我写这本书的目的之一，就是告诫职场的各位职业经理人或者正在一线打工的未来的职业经理人们：找到你的老板。

如果有人认为找到一份工作就不错了，如果你抱着这样的想法，那就大错特错了。如果你每天面对一个非常讨厌的老板，我相信不到一个月，老板不开除你，你就把老板开除了。因为我们不仅仅是在找工作，更是在找适合自己未来发展的老板，这样的老板才是自己想要的老板。

确实，大家都希望自己能找到一个好老板，特别是在强调个性化的今天，找到一个不错的老板就是三生修来的福气。这样说也许有人认为言过其实，但如果你有切身体会后，相信你会认同我的观点。

可以肯定的是，大多数职业经理人理想破灭的一个重要原因，就是他们遇到了一个刚愎自用、缺乏远见和不通情达理的老板。

为什么这么说呢？因为老板的责任就是让自己的员工尊重自己，成为伟大的领导者。那么，什么样的领导者是伟大的领导者呢？

事实上，作为一名伟大的领导者，需要具备相当程度的魅力与影响力，否则，他不可能有良好的领导艺术，也难以赢得下属的信赖和忠心。对此，管理大师汤姆·彼得斯在接受美国《商业周刊》采访时，曾对领导的重要性作了深刻的阐述。他说："未来的领导人，必须培养出英雄或明星般的魅力，让别人真心喜欢和信服，而不是以权威的方式使下属唯命是从。过时的组织领导方式，宛如老旧的城墙正逐渐倒塌。"

可见，好的老板不仅会领导下属，更善于使下属展露才华。所谓使人展露才华，并非明知下属无法胜任却勉强赋予任务的伪善，而是给予充分的支援、训练，使其能够有所担当。所以，在轻易断言下属无药可救之前，老板应该考虑更多。因此，如果你想成为打工皇帝，在找工作时，就不仅仅是在找一份养家糊口的工作，更应该找对一个能给自己提供平台、能实现自己价值的老板。三国时诸葛亮找老板的经验可作为借鉴。

提到三国时期，诸葛亮是一个不得不提的人物。在动荡的三国初期，群雄崛起，饱读诗书的诸葛亮也在为自己的未来谋算。

诸葛亮可以选择实力相对雄厚的曹操，也可以选择实力次之的东吴，也可以选择稍有一些底子的刘表。

但是，让我们感到意外的是，诸葛亮都放弃了，他选择了一个"创业"老板——刘备。

创业之初的刘备，不仅缺乏资金，更缺乏人才。不久，刘备就打听到在卧龙岗隐居着一位叫诸葛亮的奇士。

于是，刘备亲自出马，三次登门拜访，这就是中国家喻户晓的三顾茅庐的故事。在关羽、张飞看来，刘备花这么大力气聘请诸葛亮实在有些跌份儿。然而，正是刘备的三顾茅庐，使得诸葛亮决定出山，辅佐刘备开疆辟壤，最终把一个蜀国经营得有声有色。

众所周知，曹操是一个爱才的“老板”。赵云能够在长坂坡活着，就是因为曹操爱才心切，下令将士不准放箭，赵云得免一死。

曹操如此爱才，诸葛亮这个天才怎么没有投奔曹操，反而投靠了手上还没有十万人民的刘备呢？究其原因，是诸葛亮当了刘备的“经理人”后，越来越风光，在刘备去世后，“蜀汉公司”的董事长刘禅称呼诸葛亮为相父，诸葛亮的事业发展到极点，位极人臣。

诸葛亮怎么没有选曹老板的公司？舒乾在《三国职场人生》一书中谈道：“如果加盟曹操公司，因曹操公司已经统一了北方市场，家大业大，人才辈出，各个岗位上副总、经理、主管都各就其位，按部就班地工作着。诸葛亮加入后，不见得能够得到重用，甚至连主管的位置也不一定应聘得上。”

舒乾又说：“如果加盟刘备公司，刘备公司实在寒碜啊，连个正经的公司也没有，仅在新野开了个门面房。但是诸葛亮想当的至少是公司的副总，在曹操那里做不到，但在刘备这里机会却是大大的，刘备还是缺人才。只要给刘备指出市场发展方向，只要打几次漂亮的市场攻防战，刘备这条咸鱼还是可以翻身的。重要的是自己可以当副总，这才是诸葛亮的目的。”

虽然诸葛亮职业目标的实现有些周折，但最终实现了，最后终于成为“蜀汉公司”一个卓越的打工皇帝。

毋庸置疑，诸葛亮是今天职业经理人的一个标杆，历代的君王都给了他一个极高的评价。后人对诸葛亮的忠诚、事迹更是大加赞扬。

西晋陈寿在《三国志》中对诸葛亮有如下评价："诸葛亮之为相国也，抚百姓，示仪轨，约官职，从权制，开诚心，布公道；尽忠益时者虽仇必赏，犯法怠慢者虽亲必罚，服罪输情者虽重必释，游辞巧饰者虽轻必戮；善无微而不赏，恶无纤而不贬；庶事精练，物理其本，循名责实，虚伪不齿；终于邦域之内，咸畏而爱之，刑政虽峻而无怨者，以其用心平而劝戒明也。可谓识治之良才，管、萧之亚匹矣。然连年动众，未能成功，盖应变将略，非其所长欤！"

隋朝王通评价诸葛亮说："若诸葛亮不死，则礼乐大兴。"

唐代孙樵对诸葛亮的评价也很高："武侯死殆五百载，迄今梁汉之民，歌道遗烈，庙而祭者如在，其爱于民如此而久也。"

清朝皇帝康熙对诸葛亮的评价非常高："诸葛亮云：鞠躬尽瘁，死而后已。为人臣者，惟诸葛亮能如此耳。"

……

诸葛亮得到如此高的评价，与其功业有关。但其功业成就，与他选对好老板有着重要的关系。在出山前，羽扇纶巾的诸葛亮宁肯隐居卧龙岗，也不乱找老板，直到刘备三顾茅庐，才出山辅佐刘备，由此可见他选择老板的智慧。

在一次培训课上，一些学员问我："周老师，我非常困惑的是，诸葛亮在选择老板时，为什么不选择实力强大的曹操，为什么不选择占据有利地势的孙权，而是选择了既没有强大实力，又没有有利地形的刘备呢？只是刘备三顾茅庐感动了诸葛亮吗？如果曹操，或者孙权三顾茅庐，刘备会出山辅佐他们吗？”

我的回答是：诸葛亮不会辅助曹操和孙权。理由是，曹操公司和孙权公司，就像今天大型国企，而刘备的公司就像实力很小的民企。大型国企人才济济，就算诸葛亮是博士学历，也未必有其真正施展抱负的舞台；而民企就不一样了，唯才是举，可以得到一个最大限度施展才华的空间和舞台，这就是诸葛亮选择刘备的真正原因。当然，这也正体现诸葛亮高超的职场敏感度和远见性。因此，要想成为打工皇帝，就必须像诸葛亮一样，选择一个好老板。

诸葛亮的案例，警示着每一个职场人士：要想成为一名优秀的打工皇帝，就必须选择一个可以让自己最大程度施展才华舞台的好老板，真正做到“良禽择木而栖”。

在很多时候，成百上千的职场人士总是在不断地跳槽，从A企业跳到B企业，从B企业跳到C企业，从C企业跳到D企业……就这样来回地跳，最后才发现自己一直在原地打转儿，根本没有按照预期的职业规划发展。

对于那些频繁跳槽的职场人士，诸葛亮的做法很值得借鉴和参考。在成为打工皇帝的路途中，先是制订科学、合理的职业目标。当把职业规划分阶段拟定目标后，就开始选择可以实现自己职业目标的老板。暂时没有找到这样的老板，那就在目前所在的企业中历练。一旦找到能够帮自己实现职业目标的老板，就拿出十二分诚意来，感动老板，从而抓住成为打工皇帝的机会。

如果职场人士经常盲目地变换公司，总是四处跳槽，心无定性，那么在面试中，老板会质疑你的职场动机，加盟新公司的忠诚度也就得不到老板的认可。即使老板录用了你，也可能暂时把你作为一个解决问题的棋子，但你永远也不会得到老板的重用。

作为立志要成为打工皇帝的职场人士来说，一旦职业生涯目标设定好后，那就选择能够帮自己实现职业目标的老板。当然，职场的选择是双向的，当你在选择老板时，老板也在选择你。因此，还得拿出自己的忠诚、责任心、工作激情等硬素质来征服老板，从而赢得老板的器重，那么你成为打工皇帝的梦想也能加快些进程。

在这里，我提醒这些职场人士，要想成为打工皇帝，没有能够帮自己实现职业目标的老板是不行的。只有找到了能够帮自己实现职业目标的老板，才是找到了开启成为打工皇帝大门的金钥匙。就像诸葛亮一样，在出山前诸葛亮已经清楚自己需要找一个什么样的老板（见表2-1）：

表2-1　诸葛亮选择刘备的深层次原因

（1）不选择曹操	诸葛亮在隐居卧龙岗时就自比管仲、乐毅，其预期的位置起码是一人之下万人之上，这样才能发挥自己政治家、军事家的天才本领。然而，加盟曹操，这样的预期在短时间内是无法实现的，因为曹操手下人才济济，谋臣武将极多，有郭嘉、荀彧、荀攸、贾诩、程昱五大谋士，而曹操最为器重郭嘉。虽然曹操知人善任，但是诸葛亮非常清楚，就算自己加盟曹操，也很难被放到一人之下万人之上的位置。
（2）不选择孙权	在东吴方面，文有张昭、鲁肃，武有周瑜，并且孙权对他们非常信任，诸葛亮要想应聘到期望的岗位显然也是不可能的。

续表

（3）不选择刘表	诸葛亮是不会选择刘表的，虽然诸葛亮跟刘表有姻亲关系（刘表的妻子蔡夫人跟诸葛亮的丈母娘是亲姐妹），但是具有鸿鹄之志的诸葛亮理所当然地看不上刘表，在诸葛亮眼里，刘表不仅没有英雄之志，而且不会用人。
（4）选择刘备	诸葛亮选择刘备做老板的原因有四个：一是刘备是个英雄；二是加盟刘备能够达到预期的岗位；三是刘备求贤若渴，并且两人之间有如鱼得水的默契；四是刘备会用人，这样就能保证诸葛亮在预期的岗位实现自己的价值。

从表2-1来看，诸葛亮选择的老板在三国初期也只能是刘备，这与诸葛亮选择老板的要求和前提有关：一是很清楚自己的志向和能耐，二是知道这些老板的性格特点、志向，所以他最终选择了刘备。

2.什么样的老板才是好老板

在很多培训场合，我经常听到许多职业经理人抱怨：现在的老板都那么黑啊，不是黄世仁，就是周扒皮。难道中国的老板都像他们所说的那么差吗？现实就是很多员工对老板不满。据北京华夏圣文管理咨询公司的调查显示：职业经理人对老板的满意度不到34%。

这样的现实可用一句谚语来形容，就是“男怕入错行，女怕嫁错郎”。为什么这么说呢？原因很简单，如果选对一个自己非常喜欢的行业，就容易做出好业绩；反之，如果选择一个自己不喜欢，甚至是十分厌恶的行业，往往会痛苦万分，更别谈做出好业绩了。

选择企业老板时，这个道理同样适用。如果职场人士一旦选错了老板，就有可能使自己明珠暗投，那些只相信自己心腹的老板，也不会给你一个平台来实现打工皇帝的梦想了。

在很多大学中，职业规划专家们都在指导即将毕业的大学生，让他们在选择工作时，要选择一个适合于自己的工作。其实，这种指导只是讲到了表层的就业。如果要想成为一个具有标杆意义的打工皇帝，仅仅找一个较好的工作是远远不够的。

选行业不难，因为可根据自身的性格、兴趣，及其工作技能等特点来选择，在这样精心的选择下选错行当的几率非常低。而选择老板，就没那么容易了，因为大多数人对老板的认识开始于面试，了解有限，这样就有可能在面试中选错了老板。

大家都熟知，朱元璋在当皇帝之前，曾经做过一段时间的和尚，但是当和尚当然不符合朱元璋的性格。于是不久，他就在起义的大潮中揭竿而起，很快脱颖而出，最终做了皇帝。

在中国历史上，开国皇帝都习惯性地诛杀一批有功的大臣。登上皇位的朱元璋也是如此。

于是，选朱元璋做老板的那些文胆智囊和猛帅骁将们，只因选错了老板，最后差不多都被朱元璋杀掉了。这些文臣武将，集体上演了中国历史上规模空前的一幕明珠暗投所致的大悲剧。

一个好老板不仅能让自己成功，而且还能顺利帮自己实现职业理想。因此，当我们在选择工作机会时，仅仅考虑企业提供的职位高低、薪水的多寡是不够的，还必须选择一个善用人才的老板。

一个好老板，他既是企业的领航者，同时还拥有强硬、果断、干练的领导魄力，还有着“宰相肚里能撑船”的胸怀气度。选择这样的老板，自然就有更大的发展空间，自我价值也会最大限度地得到实现。

很多求职者不知道，老板的领导气魄和个人魅力、胸怀等，往往决定他是否善用人才。好老板不仅善于发现千里马，还能将下属培养成伟大的追随者。

在今天的竞争态势下，只有选对一个好老板，才会成为像唐骏、杨元庆那样出色的职业经理人。

据研究，员工眼里的好老板有很多标准，但厚道、诚信和人品好是三个最重要的标准。

打工皇帝不同于一般的员工，他们评价和选择老板有以下九个参考标准：

第一，商业英雄。众所周知，一流的老板不仅让员工展露才华，而且还是一个名副其实的商业英雄。一般情况下，评价老板是否商业英雄的标准有以下四个（见表2-2）：

表2-2　判定商业英雄的四个标准

（1）想干大事业的英雄之志	评价老板是否是商业英雄，首先要了解该老板是否有想干大事业的英雄之志。小富即安的老板肯定干不成大事业，而没有大的事业平台，职业经理人是没有施展空间的。
（2）英雄之气	英雄之气主要是指老板拥有气吞山河的气概，有海纳百川的胸怀，有受挫而东山再起的韧性和豪迈气度。
（3）曾有过英雄之事	一般情况下，能称其为商业英雄的老板大多数都有过辉煌，从他做成的大事中能体现出老板过人的智慧和胆量。主要体现在：一般人做不成的，老板却做成了；用常规的方法做不成的，老板却通过创新方法做成了，这就是英雄之事。

续表

（4）英雄之魂	当然，要想成为商业英雄，老板必须具备英雄之魂，体现在老板实际经营中的商业思想和信念上，特别是老板对事情的发展变化有自己的独到见解，而且能够让人折服，从而让很多人追随他。

第二，能自我提升和突破。在企业经营中，企业发展是分阶段的，企业发展要经过创立、成长、成熟、突破等阶段，而且是不断轮回的，在轮回的过程中逐步壮大。在这个过程中，当企业发展到一定阶段时，通常都会遇到发展的瓶颈。此时，如果企业老板不能够自我提升和突破，企业将停留在一定的规模上，不能突破发展，更谈不上做大做强了。只有老板实现了从工兵型到管理型到领导型再到投资型的自我提升进化，企业才能逐步发展壮大，实现质的提升和飞跃。在很多企业家论坛上，一些职业经理人直言不讳地说：“企业瓶颈其实往往就是老板的瓶颈。”因此，能够自我提升和突破的老板方能使企业不断地提升和突破。那么，对于求职的职场人士而言，如何能够看出老板是否拥有自我提升和突破的能力呢？标准有以下两个（见表2-3）：

表2-3　判定老板是否拥有自我提升和突破的能力的两个标准

（1）	能够持续学习和深度学习
（2）	能够学以致用

职场人士在与老板的交谈上，就能判断出老板是否拥有自我提升和突破的能力。在实际的企业管理中，许多老板能够做到第一

条，但做不到第二条，不仅不会学以致用，反而是学而被用，即学习后被他人利用。

第三，能看大势且顺大势。在中国转型期，能够成为商业英雄的老板不仅眼光敏锐，而且还能够率先看到商机，能够顺应大势和潮流，顺势而为。反观中国改革开放30多年来，曾经有过多少让我们一度无比景仰的商业英雄，但随着时代的发展和历史的淘洗，其成败地位形成巨大的反差，有不少人已经淹没到历史大潮中了，留给后人不少警示。因此，任何个人和组织无论有多么大的能量，只能顺大势，很难改变大势。现实中，很多老板之所以不能顺大势，是因为根本没有眼光，看不清大势；或者看走眼，看错了大势，其结果不是顺势而动，而是乱动、盲动、逆动。更有甚者，盲目自信“英雄造时势”，结果就在自己的超级自信和狂傲下摧残了自己，不仅成不了英雄，而且成为他人饭桌上的笑谈。牟其中在很多场合下强调：“世界上没有办不到的事，只有想不到的事。”他的这句名言把他从“首富”陷入“首骗”的漩涡中。牟其中崛起于草莽，纵横于商海，利用规则但又无视规则。因为打破了应该打破的规则，牟其中登上了人生峰顶；但因为打破了不该打破的规则，又使他从峰顶坠落到了地上。

第四，能防范风险，更能应对危机。面对突如其来的危机，对老板来说是一个比较棘手的问题，此类危机具有很大的风险性，哪位老板都不希望这类事件发生。正因为危机事件的处理具有风险性，是老板领导艺术高低的检验尺度，因此衡量一个老板能否成大事的指标，就是在毫无预见的情况下，看他是否能够积极沉着地应对飞来横祸，并能把危机转化为机遇。因此，危机事件对于有着高超艺术的老板来说，不仅仅是个危机，更是一次机遇和挑战。老板经营企业，仅靠防范风险的本事还远远不够，还必须练就危机应对的能力，在毫无预见的情况下，把灭顶之灾化为向前发展的财富。只有这样能够应对和化解危机的老板，才能使企业渡过一个个难关。

第五，善于用人。要想成为商业英雄，单靠个人的力量是不够的，必须得靠一个团队。这就要求老板必须懂得用人，善于用人。楚汉之争，楚败汉胜，原因很多。刘邦善用人，有张良、萧何、韩信；项羽则刚愎自用，只有一个谋臣范增，却被刘邦设反间计而离去。项羽为什么会失败，刘邦为什么会成功？如果仔细地分析其中的原因，就是刘邦能够发现核心人才，并留住他们。刘邦的胜利得益于善于用各种性格、各种来路、各种技能的人才。

第六，善于借用现代管理工具。小企业靠老板，大企业靠制度。当企业很小的时候，靠信任、靠情感就可以维系企业的生存和发展；但是当企业做大到一定规模，企业管理模式就不能简单靠信任和感情来维系了。因为企业要想做大，只有借用现代管理工具，把现代管理工具运用到企业的日常管理当中，如此才能做到对每一个岗位进行绩效管理。可以这样说，如果没有现代化管理工具作为基础的管理系统，无论职业经理人团队多么优秀，都很难做出一流的企业，更不能做出行业冠军和伟大的企业了。

第七，敢赌。当然，这里所说的敢赌是指老板敢于决断和冒险的举动。一些企业之所以取得成功，甚至成为伟大企业，我们深挖这些企业的成长，大多数都源于老板敢于冒险的精神。当然，商学院的教授在研究这个问题时，往往把这些企业的老板"追溯"为高瞻远瞩。而事实上，这些企业老板在重大决策拍板的一刹那，大多是凭借自己对市场的判断，就像苹果创始人史蒂夫·乔布斯一样，凭着敢于赌一把的习惯。创业成功纯粹是小概率事件，从创业成功再到把企业做大，做到行业龙头，那更是万分之一的概率。美国著名的财经杂志《商业周刊》曾对美国50个州和1个直辖特区的15000名成功企业家做过一个关于“什么样的人最适合创业？”的调查，他们不约而同的回答让《商业周刊》的记者汗颜，这个结果就是：赌徒。对于美国企业家来说，创业本身就是一项冒险活动。在这15000名成功企业家的意识中，赌徒最有胆量，敢下注，想赢也敢输，所以他们最适合创业。由此可见，敢于冒险的老板才能将企业做大。作为职业经理人，跟随不能决断和冒险的老板，是不可能成为像唐骏、杨元庆、杰克·韦尔奇这样标杆式的打工皇帝的。老板们的赌，是在各种资源和条件有限、有效信息纷繁且多变的情况下对未来所作的一种判断和选择。

第八，耐得住寂寞。毋庸置疑，耐得住寂寞是一位优秀老板必备的素质。在企业发展中，当市场形势有变时，老板不会投机而上、跟水而上，而是耐得住寂寞，坚持自己的既定发展方向。当机会主义企业老板都退走的时候，他还得凭借信心和毅力在孤独中坚持、再坚持，直到黎明来临，这样的老板才能称得上是真正的英雄。

第九，经得起诱惑。与耐得住寂寞相比，企业老板更需要经得起诱惑。在企业发展中，太多的机会在诱惑老板。当老板面对“陷阱式机会”的诱惑时，往往失去理性辨别的能力，反而认为是机会来了。在“再也不能错过商机”的冲动下，企业往往付出惨重的代价。业内专家研究发现，天下的老板大致分为以下三类（见表2-4）：

表2-4 天下老板的三类划分

(1)	耐不住寂寞
(2)	经不住诱惑
(3)	既耐不住寂寞又经不起诱惑

在表2-4中，无论这三类中的哪一类老板，都不可能成就大事。作为职业经理人，如果跟随这三类老板，最终会和这些老板一样，耐不住寂寞，经不住诱惑，成为打工皇帝的梦想也会落空。

3.避免明珠暗投

对于不想成为打工皇帝的职场人士而言，找到一份好工作当然是最好的，因为他们的职业定位就是做一名一线的打工者。但是，对于想成为打工皇帝的职场人士而言，一份好工作对他们来说，没有多大的诱惑力。

可能有人会问，那些立志成为打工皇帝的人要找什么样的工作？笔者认为想成为一个出色的打工皇帝的人，找工作更是找好老板，所以，他们绝对不会轻率地选择一份工作。

但现实中，很多人草率地找工作、选老板，下面就是一个例子：

因急于找工作，张飒在进这家公司之前对老板一点都没有了解，谈了一下个人的想法和工资待遇就上班了。但结果很不顺利，张飒在这家公司仅仅呆了一个星期，就跳槽了。

来到这家新公司，老板态度热情，承诺好好干，年底会有提成奖金。张飒很高兴，工作很卖力。但结果，公司人际关系复杂，他受到冷遇；业绩不错，但年底也没拿到提成奖励。张飒很受打击，过了年，就又辞职了。

后来，张飒才得知，这个老板只信任自己的心腹，从不信任别人，而且经常给员工空头承诺，所以他的公司做不大。

不难看出，张飒的两次选择都是错误的。为什么？就是草率找工作选老板。这也是当前很多职业人士常犯的错误。

如果不是举目无亲，衣食无着，尽量不要为了工作而找工作，不注意选择老板。因为找对好老板其实就是找到一份好工作。

所以，在选择工作时，我们有必要先了解老板，了解所在公司老板的领导魅力及其管理方法。

那么，如何了解老板呢？面试就是一个途径。在面试时，求职者可以通过聊天的方法，得到一些关于老板的信息。当得知这些信息后，再根据自己的评断，最终确定老板是否是一个好老板。

软件工程师简眉在上一家公司跟老板闹得很不开心。为这家公司服务好几年了，简眉自认为业绩不错，但工资和级别竟一直不见升，简眉越想越不平衡。简眉曾鼓起勇气堵着老板问了好多次，但老板次次脸上挂着和善的笑容："再考虑考虑，考虑考虑！"只是不见行动。

终于有一天，简眉再也忍不住，换了一张恶脸上前："再不加薪，我要跳槽！"谁知这次，老板和善的脸一抹，变成一张冰冷甚至仇恨的脸。

简眉就此与他分道扬镳。

后来简眉就坐到了现任老板的面前。第一轮面试结束，他对简眉很满意，问简眉："为什么离开上一家公司？"

简眉撒了个谎："因为我搬家了，过去的公司离家太远。"

第二次面试，老板劈头就说："我打电话问过你原来的老板。"

简眉心中蓦地一惊，手心里竟然沁出了汗："那，你不会录取我了？"

老板哈哈大笑起来："如果不要你，就不会叫你来了。我会给你你想要的一切，职位、钱，希望你好好干。"

简眉放心地笑了。

这一干就到了现在。

如今简眉已升任该公司的副总。由于自己的经历，简眉会仔细倾听下属提出的要求，只要是合理的，就尽量满足。简眉从老板身上学到，要善待下属，因为他们是帮你赚钱的人。

既然找一个好老板如此重要，那么，怎样找到一个好老板，避免明珠暗投呢？对此，业内专家撰文指出，以下三个方面值得职业人士谨记（见表2–5）：

表2–5　职场人士应谨记的三个方面

（1）要摆正心态，不能势利眼，觉得哪个老板成功就靠哪个	在选老板时，时刻谨记，不管老板有多成功，都与自己无关，不要总是想着老板会分给你一杯羹。而且，老板越成功，他的身边人才越多，即使你能力非常出众，往往也难以被老板发现。

续表

（2）不能饥不择食，逮着谁算谁	在选老板时，绝对不能饥不择食，逮着谁算谁。这样的思维会埋没了自己，使自己陷入郁闷；或者明珠暗投，甚至陷入粉身碎骨的危险境地。
（3）擦亮眼睛，认清什么样的老板才是真正的好老板	在选老板时，必须正确判断。一般来说，好的老板特征有以下四个：①胸襟博大，从善如流；②勇于担当，坚忍不拔；③头脑清晰，务实敬业；④体贴下属，关爱他人。

在表2-2中已经明确提醒职场人士，要想成为一名打工皇帝，就必须要找到一个好老板。可能有的职场人士会问，如果找不到这样的好老板，怎么办?

要是真的遇到这样的情况，那么不妨暂时耐住性子，等待时机，等待好老板的出现。如孔子所说“天下有道则见，无道则隐”。

对于孔子的这个主张，诸葛亮是贯彻得比较彻底的一个人。诸葛亮在三国这个乱局中，为了找到自己预期的老板，不急不躁，宁愿躬耕于南阳。

在《出师表》一文中，诸葛亮就表达了这样的观点：“臣本布衣，躬耕于南阳，苟全性命于乱世，不求闻达于诸侯。先帝不以臣卑鄙，猥自枉屈，三顾臣于草庐之中，谘臣以当世之事，由是感激，遂许先帝以驱驰。”

其实，诸葛亮这样做的目的就是，在没有找到理想的老板时，可以先做别的事情，然后再伺机来找到理想的老板，尽管路径曲折，但总比明珠暗投，误入歧途好很多。

在选择好老板的过程中，对于立志成为打工皇帝的员工而言，如果自己非常不甘心、不安于目前的现状，那该怎么办呢？那就必须冷静下来，沉住气。就像诸葛亮一样，如果草率地选择一个老板，那么结局必定是不幸的。为此，著名品牌营销专家于斐在接受媒体采访时说："找工作不能盲目更不能表现得急吼吼。要知道，选择一个好老板对你的择业和发展很重要，这点切记！"

二、什么样的老板才是好老板

在很多人眼中，好岗位比好老板重要，因为一般来说，好岗位可以获取丰厚的薪水。其实，这样的观点，未免僵化了。因为在真正的现实中，好老板不仅能够帮助你成为某个领域的行家里手，给你丰厚的薪水，而且还可以让你成为一名优秀的打工皇帝。就像唐骏一样，如果没有微软的工作经历，或许唐骏依然是某个公司的小老板，至少其影响力没有现在这样大。所以，职场人士不要以好岗位为满足，而应以好老板为目标，自然就会获得好岗位、好薪水、好发展。

1.遇到一个好老板，难

在如今巨大的就业压力下，大多数职场人士往往为了找到一份工作而不惜放弃自己的人生职业规划，混入那些走到哪就算哪的求职大军中……

面对生存压力，选择一份薪水不错的工作，当然是无可厚非的。但是，要想成为一名标杆式的打工皇帝，这样的选择并不是高明之举。

因为对有志于成为打工皇帝的人来说，关键是要找到一份适合自己未来职业发展规划的职位，而不是一份高薪水的工作。

遇到一个好老板，找到一个好老板，不仅会让你实现打工皇帝的愿望，拿到高薪水，而且这个好老板还可以改变你未来的职业生涯，甚至是人生。

事实证明，要想成为打工皇帝，就必须选择一个好老板，因为没有这样的老板，你就得不到实现职业目标的舞台。可能有读者会说，好老板当然重要，但遇到好老板比登天还要难。

不可否认的是，在竞争激烈的今天，要遇到一个好老板确实不容易。难遇到好老板，并不等于没有好老板。在三国那样的动乱年代，尚且有刘备那样的好老板，在如今经济文化欣欣向荣的中国，好老板是肯定有的，只不过你没有遇到而已。

很多求职者没有遇到好老板，变得十分苦闷，对自己的工作也提不起兴趣。

2012年元旦，对于北京某大学毕业的几个人来说，这次聚会并不像毕业前夕那样尽是豪言壮语，而是各有心事。

从毕业到现在，他们几个人一直坚守在北京这个人才聚集的都市，坚持在这里工作生活。毕业几年他们都是各忙各的，这次是难得一聚。这次聚会，好不热闹，有交流工作的、有交流生活的、有交流感情的，也有交流婚姻大事的。

但是，这样的气氛还是被做广告策划工作的杨凯打破了。他举起酒杯，又放下，耷拉着脑袋，断断续续地说："现在我干这份工作，真是越来越没激情了！”

大家不禁愣住了。因为在他们眼里，杨凯在大学时专业课很优秀，是一个策划人才，而且是一个永远充满激情的人。

回想当年那个意气风发的杨凯，特别是他策划的多场学校大型活动，不仅得到学校老师的认可，而且还获得表彰。毕业之后杨凯就毅然选择了一家广告公司做策划工作。在大家眼里，杨凯选择了自己擅长的工作，也算得上是选择了自己喜欢的行业，何来没有工作激情一说呢？

在同学们的不解中，杨凯说出了没有工作激情的原因：

“我们老板小气得很，我都没想到老板竟然小气到如此地步。北京的冬天这么冷，谁还敢喝冷水？就算饮水机开一天，能耗多少电呢？可是，我们老板就跟这饮水机干上了，饮水机的红灯一旦变绿，老板大步流星地过去就把电源关了。要是谁想喝热水，就必须打开饮水机电源开关，再等上几分钟，然后接一杯热水后，关掉电源走人，后来者亦如此。有一次，我去打开电源开关，没想到老板却说：‘杨凯！不用开了，刚烧好的水直接接就行。’诸位，你们要是我，听到这话什么感受？在这样的公司待久了，面对这样一个老板，还有什么激情呢？唉！”

杨凯的话引起大家不少共鸣，因为他们中有不少人的老板也经常这样干，李小敏和其他的同学大声地说：“确实，一个老板如果真的抠到这个地步，相信他也差不多到极限了！”

于是，李小敏开始诉说起她的老板来，几乎和杨凯的老板差不多。李小敏说：“记得前一段时间北京气温骤降，几乎降到了零下，我就下意识地打开了办公室里的空调。但很快被老板发现，老板板着脸问：‘这是谁开的？不知道空调不带遥控器吗？打开了可是关不住的！’老板边说边把电源插头拔了出来，并告诉大家：以后不允许用空调。瞬间原本温暖的办公室冷得像一个冰窖，同事们不禁开始发抖……”

听着两个同学讲自己的抠老板，原本高兴热闹的气氛一下子冷了……

老板经营企业不易，理当节约，但如例子中所说的老板那样节约却不注意员工感受，不注意给员工营造一个舒适、开心的工作环境，这样的老板的确有点过分了。

这样的老板未免有些因小失大，鼠目寸光了。所以，职场人士绝不能选这样的老板。除此之外，还有一些其他品质不佳的老板，求职者要对他们避而远之。总结以下三种老板不能选（见图2-1）：

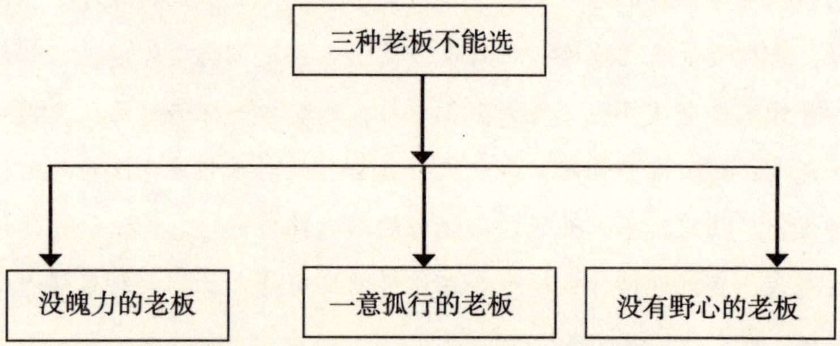

图2-1 三种老板不能选

让我们分别分析一下，为什么不能选这三种老板。

第一，没魄力的老板。众多周知，要想成为一名优秀的打工皇帝，绝对不能选择没魄力的老板，因为实践已经证明，没魄力的老板注定难成大事，他的企业也不可能做大。如果职业经理人选择这样的老板，成为打工皇帝的路必定坎坷。在选择老板时，最好能评估一下老板的决策能力。在实际的经营中，老板最重要的一项能力就是面对重大事件的决策能力。从老板的决策中往往就能评估出老板的魄力。在如今竞争激烈的商业社会中，任何一个潜力巨大的商业机会都是与风险同行的。在很多企业家论坛上，一些老板直言不讳地说："很多老板没有能将企业规模做大，主要原因是他们没能及时决策。"不能及时决策，也就不能及时抓住潜力巨大的机会，更谈不上将企业打造成为一个企业集团了。有时很多老板已经把潜力巨大的机会看得非常透彻，可就是不敢决策。既然看到了机会，为什么不敢决策呢？究其原因就是老板"前怕狼，后怕虎"，既想抓住这个不可多得的好机会，又惧怕商业机会中不可预测的风险，在犹犹豫豫中就白白错过了商业机会。当其他企业家把这样的商业机会转化为产品，取得巨大成功时，这些老板常常又悔不当初。

第二，一意孤行的老板。要想成为一名优秀的打工皇帝，不仅不能选没有魄力的老板，一意孤行的老板也不能选择。因为一意孤行的老板往往固执，经常容易一条道走到黑，即使这样的老板再精明能干，也总有犯错的时候。在企业经营中，将企业做强做大需要每个团队成员的参与。尽管老板有最后的决策权，但老板在最终决定前，最好能够听取团队每个成员的意见。如果老板刚愎自用，听不得团队成员的不同意见，那么，这样的老板不会成为伟大的领导者。在很多企业中，部分老板经常喜欢做一些表面工作——老板会召集员工一起讨论某个战略决策，但是，老板从来就不接受员工们的建议，老板开会的目的，不是为了听取员工们的建议，而是想搞清楚到底有多少人和他的意见一致。如果老板的意见得到多数员工的赞同，老板就自诩说自己多英明；如果老板的意见遭到多数员工反对，老板大都仍旧一意孤行，根本不会考虑员工们的异议。这样的老板不知道，任何一个决策，一旦当老板决定后，如果多数经营管理人员不赞成这项工作的开展，那么他们将不会彻底执行老板的决策。

第三，没有野心的老板。有心理专家研究表明，野心是人们取得成功的关键因素。由此观之，老板需要野心。因为有了野心才会把企业做强做大。很多老板只知道一年赚几十万元或者上百万元就可以了，根本没有想过其他。要想成为一名优秀的打工皇帝，这样的老板不能选择。相反，如果老板有勃勃野心，把赚钱当做回报社会的方式，他就会不断地寻求商业机会，就能不停地推进企业的发展壮大。

2.同时毕业，现状迥异

在很多种场合下，我们经常看到这种现象：同一个专业的同班同学，有人在毕业没有几年之后就小有成就，名利兼收；有人甚至大红大紫；有人却郁郁不得志，一无所成，而他们中很多在大学时期壮志凌云，是老师们眼中的“未来国家栋梁之材”。同时毕业，但现状迥异。

现实生活中，这样的现象每年都在发生。可能读者会问，为什么会出现如此明显的差别呢？同样的学历，同样的资历，差不多一样的智商，可结果为何不同呢？

经研究发现，造成他们现状迥异的原因在于：他们在选择工作时遇到了不同的老板。遇到好老板的人通常都事业有成；而遇到坏老板的人大多是郁郁寡欢，甚至蹉跎一生。这不禁让我们想起那篇有名的《马说》：

世有伯乐，然后有千里马。千里马常有，而伯乐不常有。

故虽有名马，祇辱于奴隶人之手，骈死于槽枥之间，不以千里称也。

马之千里者，一食或尽粟一石。食马者，不知其能千里而食也。是马也，虽有千里之能，食不饱，力不足，才美不外见。且欲与常马等不可得，安求其能千里也。策之不以其道，食之不能尽其材，鸣之而不能通其意，执策而临之曰："天下无马。"

呜呼！其真无马邪？其真不知马也！

没有伯乐，自然也就没有千里马的出现。纵有日行千里的能力，如果没伯乐的常识，千里马也只能成为驮运货物的工具。所谓的"慧眼识英雄"，说的就是伯乐这个角色。那些淹没在职场丛林中的千里马，同样需要伯乐的发掘。因此，找对老板就显得非常重要。

现实中，老板总是埋怨自己找不到好的下属，而职场人士也总是抱怨找不到好的老板，为什么会出现这样的情况？

原因就在于老板与员工间没达成互相赏识的一致性，千里马没找到伯乐，伯乐没找到千里马。这是一种遗憾，也是一个值得双方深思的问题。尤其是毕业于某些高校，有良好教育背景的优秀人才，如果得不到伯乐的赏识，结局可想而知，怀才不遇的郁闷当然也就产生了。所以，对千里马们而言，一定要学会找自己的伯乐，找到一个好老板。

诸葛亮本事再大，要是刘备不接纳他，他也就埋没于三国的乱世，根本谈不上什么丰功伟绩了。因此，要想成为一名像唐骏一样的标杆式打工皇帝，选择一个拥有伯乐眼光的好老板就显得尤为重要。跟对了老板，就会走出一条光明的职场之路。

在一次销售动员大会上，销售经理刘欣谈到了她的从业和成功经验，言语中充满对老板的感激。

刘欣说：“刚进公司做销售时，纯粹是受自己遇到的一个小老板的鼓动，被他说服，脑筋一热，就选择跟他干了。”

但让刘欣没想到的是，老板所说的公司，竟是蜗居在一幢极不起眼的商住楼中的一间小房，才十几个平方米，外加一部电话。这就是她的工作单位。

刘欣看到这样简陋的办公环境，当时就泄气了。于是，她跟老板说不想干这份工作了。但老板诚挚地挽留她，说十分欣赏她，会给她很好的机会和待遇。老板的话，让刘欣的斗志重新鼓舞起来，于是她留了下来。

刘欣的工作，是推销一种产品。但是，刘欣没有干过销售，加上个性内向，脸皮很薄，人生地不熟，真不知道如何去销售公司的产品。

老板看见刘欣没有销售经验，于是亲自带着她去“扫楼”。“扫楼”就是找到一栋写字楼，一家公司接着一家公司上门推销去销售。

在这个过程中，刘欣和她的老板遭遇到很多尴尬的事情——不是被一些员工当做苍蝇一样地赶出来，就是被保安像拎小鸡一样拎出来。

每遇到此，刘欣脸就涨得通红，十分胆怯，但她的老板却看上去一点不难受，从来没有撤退的打算。他们被赶出来之后，就再想个办法进入办公楼，总之，不达目的不罢休。

就这样，刘欣在公司老板的言传身教之下，渐渐懂得了销售的门道，其销售业绩也越来越出色。坚持了一段时间，刘欣终于拿下了第一个大客户，从而挖到第一桶金。

两年后，刘欣成为该公司的营销总监，年薪300万元，还有30%的股份。她所在的这家公司，也日益做大，小老板也变成大老板了。

刘欣就是成功职场人士的一个缩影。一般情况下，人们会认为，在那样的小公司，是不会有什么好结果的，但刘欣遇到了一个好老板，加上自己的努力，走上一条光明的职场之路，并最终证明了自己的价值。

刘欣能够成功，她的这位小老板功不可没。她在老板是她的伯乐。但同时，她的老板，也因为得到刘欣这个千里马，一个销售人才，公司业绩做大，公司做大。两人可谓如鱼得水，相得益彰。对刘欣而言，她的老板当初虽是小老板，但也是她的伯乐；对她老板而言，刘欣当初虽初出茅芦，不懂销售，但在他眼里刘欣就是一个可造之材，一个千里马。

3.好老板改变你的人生

毋庸置疑，要想成为一名打工皇帝，就必须找对一个适合于自己职业发展规划的老板，因为选对老板者得“天下”。

就此意义讲，老板比工作更重要。

有一个男孩叫丁洋洋，是个80后，从小生长在农村，大专没毕业，为分担家庭负担，就退学打工。但因没学历，他只能到工厂当工人。这天，当他看到一家工厂的招聘启示后，就到这家工厂面试。结果他顺利通过了。

老板说：“你来这里上班，只要好好干，我们不会亏待你的。你没钱用，我也可以先给你。”说着，就拿出来100元给丁洋洋。

丁洋洋拒绝要老板的100元钱。他问老板："您不怕我拿了钱就跑吗？"老板说不怕，丁洋洋于是进了这家工厂。

尽管他是80后，但他从小就能吃苦，养成了勤劳、良善的品格。每当工厂任务紧时，丁洋洋总是第一个提出来主动加班。进工厂三个月后，老板发现丁洋洋的管理能力超强，如果好好培养，对于工厂来说，将来会是一位很好的管理骨干。

于是，老板把丁洋洋叫到办公室，问他："高中上完了吗？"

丁洋洋回答："高中上完了，当时只考上了省内的一所大学专科学校，为了减少家里的经济负担，我提出退学，去外面打工挣钱，供弟弟妹妹上学。"

老板说："如果现在再给你一次上大学的机会，你还想上吗？"

丁洋洋坦率地说："当然想上了。"

老板当面告诉丁洋洋："过几天，我就把你送到一个名牌高校去学习。我感觉你很有管理的天分，你就学管理专业。以后在咱们厂里，你只上行政班，不用那么辛苦。我也是从农村出来的，深知农村长大的孩子不容易，所以，我给你一个学习深造的机会。"

丁洋洋以为老板开玩笑，说："老板，你真逗，鼓励人也不用这么夸张吧。"当老板拿出入学通知书时，丁洋洋才相信这是真的。自从离开高中的那天起，丁洋洋从来没有想过能再上学，认为自己的一生就这样注定了。

可是，幸运之神就这样眷顾丁洋洋，因为丁洋洋遇到了改变自己命运的好老板。

……

转眼间四年过去了，当丁洋洋拿着本科学位证书再次来到老板面前时，言行举止都已经改变了许多。

没过多久，丁洋洋就做了老板的资深行政助理，还经常陪同老板出去考察、出国学习，事业之路越走越宽了。

在一个人的职业生涯中，如果能遇到一个好老板，真的能改变一个人的一生，就像丁洋洋那样。从上述这个案例来说，遇到一个好老板比得到一份更高薪酬的岗位要重要得多，如果丁洋洋选择另外一个老板，他的命运肯定不是现在这样。

作为一名立志成为打工皇帝的职场人士，其关键在于选对老板，好老板会给你一个实现自己的平台，有了这样的平台你才可以在老板的支持下一展谋略，价值实实在在地大展身手，才有可能取得优秀的业绩，赢得老板的信任和同事的尊敬，并收获可喜的成果，实现自我价值和打工皇帝的理想。所以说，好老板改变你的一生。

三、成功就是找准自己的位置

既然找对老板如此重要，那么，怎样才算是找对了老板呢？起码要满足以下三点：

第一，能够提供给员工实现打工皇帝职业目标的舞台。

第二，对员工要求严格，特别是对立志成为打工皇帝的员工。对你要求越是严格的人，才越是为你实现打工皇帝梦想负责的人。在中国古代，师父对徒弟的要求可以说是非常严苛的，所谓“严师出高徒”就是这个道理。对此，安东尼·罗宾说：“对你要求严格的人，才是你人生真正的贵人。”

第三，这个老板能否教你一些绝招。在中国古代，不管是古代中医，还是古代木匠等等行业，你是否能成为某个行业的领军人物，取决于师父教给你多少绝招。在今天，这个道理依然适用。

1.好老板其实就是一个航标

无数证据表明，好老板往往造就出伟大CEO，比如通用电气公司、微软公司等，尽管他们对员工相对苛刻，甚至有时候会对员工的某个小缺点锱铢必较，暴跳如雷，但正是这种苛刻的要求，是对员工一生进步最大的帮助。正是因为这种言传身教，才造就了世界上最伟大的CEO。

坏老板和好老板对自身的要求完全不一样，坏老板更容易原谅自己的错误和失误，习惯性地为自己寻找冠冕堂皇的借口；而好老板则对自己的要求异常严厉，行事果断高效，注重行动表率，他绝不允许在自己身上存在低级错误，甚至他会自我惩罚。好老板对客户的需求更加关注，对成功的欲望更加强烈，是“自然领袖”。

在那些刚刚成立不久的创业型小公司里，老板往往是这个创业公司的“灵魂人物”。这个老板的经营能力、产品市场判断能力、管理方法等等诸多因素都影响该创业公司的做大做强，对创业公司的发展起着至关重要的作用。

所以，业内专家告诫职场人士：在选择小公司时，老板的做事风格和为人，可作为职场人士选择是否到他公司就职的判断依据。特别是在小公司，老板总是与公司密切联系在一起的。

对于那些小公司来说，老板大多数就是管理者、投资人、股东。所以，如果职场人士选择这种公司的老板，通常有较大的发展空间。

对于那些大公司来说，往往中间有许多层级，投资人和股东往往并不直接参与公司经营。通常那些称之为老板的人和职场人士一样都是被雇佣者，包括CEO、分公司经理、部门经理、业务主管等等，直接和间接地管理着公司。这种情况下，如果你没遇到一个好上司的话，自己的发展空间就十分有限了，而且，这种单位人际关系十分复杂。

职场人士找工作是一个双向选择，选老板也一样。尽管老板有权选择员工，但是员工也有选择老板的权利。

在一个成熟的商业社会，尽管个人创业越来越容易，但是创业的人毕竟是少数，仍有大部分人在人生某一个阶段甚至一生都在打工，辅助老板打天下。因此，职场人士选择一位值得追随的老板，就成为个人前途的最大保证。特别是对于那些致力于成为优秀打工皇帝的职业经理人来说，更是如此。

在每一次选择老板的过程中，职场人士都必须面临机会成本的丧失。一旦遇人不淑，刚刚踏入社会就连换三五份工作，成功的机会便大大降低了。一个人只有几十年的工作时间，绝不允许犯这样的错误，而且是连续几次错误。因此，要想成为一名打工皇帝，慎选可以追随的老板，是其人生最重要的抉择之一。如前所述，一个好老板能够给职场人士提供更多的帮助，并能够让职场人士提升能力和信心。即使身在一个不好的公司，如果能遇到一个好老板，也会获得更多的教益。

在A看来，选择工作时，首先得选择好老板。对于此点，A体会尤其深刻。

A说出这番话的理由是，A曾在一家顾问公司从事咨询工作。这是A的第二份工作。对于A来说，第一次接触咨询业，尽管有着十二分的热情，但是缺乏实战经验，工作中错漏百出的事情也就难免。

正当A不知所措时，A的上司帮助了他。A的上司知人善任，不断纠正A的错误，并且给予A充分的鼓励。在随后的工作中，A的每一次进步，A的上司都能给予充分的肯定。

不久，A的上司升职了，升为副总经理，兼任部门经理。

由于A资历太浅，无法得到提升，但在这位副总经理的极力推荐下，A得以参加季度管理会议，在比较重要的会议上作报告。上司的意思很明显，是以此来锻炼A的能力。

不久，A的能力得到公司的认可。

尽管后来A离开公司另谋他就，现在又独立创业，但A内心中对这位曾经的上司充满了感激——他让一个刚刚毕业的大学生在踏上社会之初就得到了很好的机会和锻炼，使他没遇到多少挫折，始终保持着对事业的热情。

在很多时候，选择什么样的老板将决定一个人成就的大小。对于任何一个职场人士来说，坏老板都不可避免地让职场人士走下坡路。因此，职场人士应该努力地去接触那些道德高尚和学识不凡的老板。那么，好老板具有什么样的特质？对此，业内专家强调，以下几点必不可少。

第一，挖掘下属的潜力。好老板往往有强烈的成功愿望和非常明确的目标。为实现这一目标，他们会不断地鼓励下属，挖掘下属的潜力，从而使下属展露才华。对于老板而言，不仅要指挥下属，更重要的是使下属展露才华。

第二，积极乐观的心态。好老板往往都具有积极乐观的心态，积极的人像太阳，每天都充满热情和活力；消极的人像月亮，时好时坏，时阴时晴，消极的情绪往往传染其他人，破坏整个团队和企业。在打工皇帝汤姆·科恩八年职业生涯中，他始终相信积极心态的老板才能帮助职场人士成为打工皇帝。2000年汤姆·科恩大学毕业时，应聘到纽约一家大型企业做营销策划，踏踏实实干了两年，由市场职员做到企业集团发展研究中心的经理。后来应聘到纽约州一家著名的家电企业做策划。汤姆·科恩又用了8个月从基层业务员做到公司市场部经理、区域经理。很多朋友问汤姆·科恩："你成功有什么秘诀吗？"汤姆·科恩回答说："想成功，必须选择一个积极心态的老板。"在哈佛大学作报告时，他告诫哈佛大学同学们的第一句话就是：要选择一个积极心态的老板。

第三，注重沟通。好老板大都比较注重沟通。沟通是老板协调人际关系的方法，也是老板领导艺术的表现。沟通是老板与下属交流的桥梁，老板如果不懂得和下属适时沟通，也就很难将自己的意图传达给下属。对此，管理大师威廉·戴尔认为："促使员工参与，维持信誉，以及激发工作热情的最有效的方法，就是老板与下属面对面的沟通。"简单地说，老板希望通过别人来帮助自己达成组织的目标，必须有效地掌握沟通的手段和善于运用沟通的技巧。

第四，人格高尚，愿意分享。作为老板，要懂得与员工分享。对此，俞敏洪用一个简单的例子说明这个道理："比如说现在你有六个苹果，你有两个选择。第一，你可以把它们全部吃掉，但你也可以自己吃一个，给别人分五个。表面上你丢了五个苹果，实际上你一点也没丢，因为你获得了五个人的友谊。当你有困难的时候，他们就很愿意来帮你。我吃了你一个苹果，当我有桔子的时候，无论如何我要分你一个桔子。你用这种方式收集了另外的五种水果。”这是一个简单的道理，但在企业经营过程中，有些人却没有看到分享的重要性。俞敏洪谈到，好的老板一般都有分享的精神。他会与员工分享公司的成长和效益，给予员工股票和期权，充分调动每一个员工的积极性与创造力，在成就公司的同时也成就员工。

第五，用人不疑，疑人不用。一般好老板善于用人，其策略是用人不疑，疑人不用。事实上，无论什么时候，摄取人心都是管理上最重要的一环。管好员工，提高员工工作积极性的关键，主要取决于老板对下属人心、人性的透彻理解和把握。如果老板用人不疑，疑人不用，那么员工忠诚尽职，公司和员工就都有福了。

第六，赏罚分明。作为一名好老板，必须赏罚分明。《孙子兵法》一书开篇就讲：“主孰有道？将孰有能？天地孰得？法令孰行？兵众孰强？士卒孰练？赏罚孰明？吾以此知胜负矣。”是说赏罚是否分明，是一支军队是否有战斗力的重要因素。历来治军严谨的将领，都是非常强调奖赏与处罚的，正所谓“军令如山，军中无戏言”。因此，作为老板来说，特别是一个好老板而言，赏罚是否分明就成为其一个特质和标准。

因为马谡战败，失去街亭，最终酿成蜀军惨败的结局。面对败局已定的局势，蜀国军师诸葛亮还是挥泪斩了马谡。

对于挥泪斩马谡，不管是在正史中，还是在野史中，同情马谡的人都非常多，为马谡求情的人也非常多。

从战场全局的角度来说，马谡有一定的军事才能。据资料显示，当年诸葛亮平定南方部落，特别是七擒六纵攻心为上的建议就是马谡提出来的。

当蜀国晚期，蜀国人才严重缺乏，姜维独木难支。有史学家就认为，如果留下马谡或许还是有用的。但是，作为军师的诸葛亮比谁都清楚，只有斩马谡才是众多选项中最佳的一个。

针对这个问题，研究者认为，诸葛亮没有采纳众人的建议，最终一意孤行的原因主要是基于赏罚分明的原则。当我们站在客观的立场看待这个问题时，从治军的角度，我们同样也会采取诸葛亮的手段——斩马谡。

诸葛亮比谁都清楚，如果此次轻罚了马谡，那么还会有将领玩忽职守，导致全军惨败、折损大将与士兵无数的事情发生。

也就是说，有了轻罚马谡的先例，便无法下不为例了。更可怕的是，蜀国已经根基不稳，马谡再不杀，势必军纪更乱。此时，诸葛亮再要对别人严格要求，根本就不行了。

众所周知，一旦军纪一乱，部队的战斗力就立马下降，战斗力一下降，就要打败仗，打败仗可是要付出许多士卒甚至将领生命的代价的。

对于诸葛亮而言，尽管马谡的生命很重要，但是比起蜀国及全军将士的生命来说，当然是后者更重要。

作为一名职场人士，在选择老板时必须选择一个赏罚分明的老板，公平、公开、公正，如此才能保证一个企业的持续发展，否则，没有规矩，不成方圆，企业留不住人，也难以做大做强。

2.找对自己想要的老板

对于职场人士来说，一个好老板就是一个导师。因此，要想成为打工皇帝，就必须找对自己想要的老板。

就此意义讲，选择好老板就成为职场中人一门必修的功课。

那么，求职者如何判断老板是什么样的老板呢？对此，财经作家李波曾撰文将老板分为四类（见表2-6）：

表2-6　老板的四个类型

（1）	人面人心型老板
（2）	人面兽心型老板
（3）	兽面人心型老板
（4）	兽面兽心型老板

从表2-6可以看出：

第一类，人面人心型老板。一般地，人面人心型老板往往都是天生慈眉善目，极具亲和力，而且具有卓越的领导力。人面人心型老板主要表现在如下几方面（见表2-7）：

表2-7　人面人心型老板的八种表现

（1）	关心下属，从不摆老板架子，特别善解人意。
（2）	往往强调企业的社会责任，在决策方面绝不急功近利、唯利是图。
（3）	人面人心型老板具有卓越的领导力。
（4）	纪律严明，言必信，行必果。
（5）	善于用人，往往都是疑人不用，用人不疑。
（6）	沟通能力很强，愿意倾听下属的各种意见。
（7）	懂得分享，会把股权分给下属。
（8）	一般不会裁员，除非你犯下了连自己都不能原谅的错误。

从表2-7中可以看出，人面人心型老板其实是伟大的老板，也是职场人士拼命寻找和选择的老板之一。这种老板是老板中的“珍稀物种”。他通常会像一个长者一样呵护培养下属，所以，人面人心型老板是成就卓越打工皇帝的重要保障。在目前的中国，人面人心型老板是老板中的极品，实在是寥若晨星。如果职场人士能够遇到这样老的板，一定千方百计跟随他。

第二类，人面兽心型老板。在职场上，求职者最怕遇到人面兽心型老板。人面兽心型老板主要表现在以下几方面（见表2-8）：

表2-8 人面兽心型老板的八种表现

（1）	非常善于伪装自己，在很多时候极其善于作秀，与求职者一见面就做出一副自己就是伯乐的样子。
（2）	与求职者一见面，好像几十年未见的老朋友一样跟对方称兄道弟，似乎有一种相见恨晚的感觉。
（3）	在面试的过程中，他通常在瞬间令许多求职者大有知遇之感，仿佛找到了人生知己。
（4）	通常都会给求职者许下一万多个诺言，让求职者感到前途似锦。
（5）	大多集中在文化产业，凭借三寸不烂之舌，把人招进公司，估计追随者连工资都拿不到。
（6）	就像一个典型的传销分子，跟谁都说：“我们给你提供一个无限大的平台，就看你有多大的能量。”“我们的使命是推动自身经济效益和社会进步的双赢。”等等。
（7）	经常提醒求职者不要老盯着眼前的那点“蝇头小利”。
（8）	通常都会说：“跟着大哥走，我们就是做大事的。有大哥的，就有你的。”

在表2-8中，介绍了人面兽心型老板的各种表现。一旦求职者被人面兽心型老板的“人格魅力”所征服，被他激情冲天的远大理想所折服，以为遇上一个好老板，从而自愿地接受其摆布，那么，你的前途就堪忧了。最实际的是你，很可能面临拿不到工资的惨境，更不用说让你成为打工皇帝了。

如果职场人士不幸遇到这样的老板，最好的办法是明修栈道，暗度陈仓，尽快找到好老板，离开这里。

第三类，兽面人心型老板。兽面人心型老板往往看起来凶神恶煞，很多求职者看到这类老板大都望而生畏，进而放弃。其实，这类老板心直口快，喜怒哀乐溢于言表，其实是值得依赖和依托的老板，是立志成为打工皇帝的员工们可以放心选择的老板。研究发现，兽面人心型老板主要有以下几方面的表现（见表2-9）：

表2-9　兽面人心型老板的九种表现

（1）	关心下属，从不摆老板架子，特别善解人意。
（2）	往往非常坦率，刀子嘴豆腐心。
（3）	具有卓越的领导力。
（4）	纪律严明，言必信，行必果。
（5）	善于用人，往往都是疑人不用，用人不疑。
（6）	沟通能力很强，愿意倾听下属的各种意见。
（7）	懂得分享，会把股权分给下属。
（8）	发火大部分都是事出有因。
（9）	基本上是对事不对人，从来不会记仇，只不过有时不给你面子而已。

兽面人心型老板当然要比人面兽心型老板好得多，尽管他可能平时脾气较大，就像喝苦丁茶一样，苦口却是凉心的，有益于员工的成长和发展。

第四类，兽面兽心型老板。兽面兽心型的老板大多是暴发户。由于文化素质极低，他们目光短浅。立志成为打工皇帝的员工，当然不能选择这样的老板。研究发现，兽面兽心型老板的表现主要有以下几方面（见表2-10）：

表2-10　兽面兽心型老板的六种表现

（1）	大多目光短浅、急功近利。
（2）	从不关心下属，总是高高在上。
（3）	大多文化素质低下，管理随心所欲。
（4）	刚愎自用，从不信任别人。
（5）	往往是朝令夕改，毫无章法。
（6）	沟通能力差，喜欢搞一言堂，从不听取不同意见。

在所有老板中，最可怕的就是兽面兽心型老板。对于职场人士来说，这种老板的可怕之处就是，不仅有可能得不到薪酬，而且自己的职业规划还有可能被葬送。在选择老板时，职场人士最好不要选择兽面兽心型老板。

3.好老板决定了打工路

我们已经明白，选一个好老板要比选一个好公司或好工作更重要。对于每一个身怀才干的人来说，选择一个好老板不管古今中外都是非常必要的，因为只有选择了好的老板，你的才能才会得到发挥，而且还能够得到足够的尊重。

反之，如果选错了老板，不仅得不到发挥能力的平台，相反，还会失去前程。

明珠暗投，也就是说，遇人不淑，这对职场人士来说是一件最懊丧的事了。无论古今中外，为明珠暗投而懊丧不已的人俯拾皆是。

历史上，越王勾践忍辱负重，最终打败了吴王夫差。越王勾践之所以能打败吴王夫差，有两个人的功劳不得不提，那就是范蠡和文种。

范蠡和文种辅助越王勾践报仇雪恨成功，特别是越国彻底打败吴国以后，范蠡就对文种大夫说："我们辅助越王勾践复仇的任务已经完成了，你跟我一起走吧。"

文种自以为劳苦功高，拒绝了范蠡的建议。范蠡再三劝解文种，但文种坚持不走。临逃走时，范蠡给文种留下一封信，信上说："狡兔尽、走狗烹；飞鸟尽、良弓藏。勾践的颈项特别长而嘴像鹰嘴，这种人只可共患难不可共享乐，你最好尽快离开他。"

文种看完，大不以为然，心想：自己毕竟是一人之下，万人之上的宰相，越王勾践怎么都会顾及当年辅助他打败吴国的功劳吧。

然而，文种失算了，越王勾践不仅不顾及他旧时的劳苦功高，而且还想杀他。

最后，越王勾践送给他一把剑(吴国宰相伍子胥自杀的那把剑)，同时托人带话说："先生交给寡人七种杀人的办法，寡人只用了三种就把吴国给灭了，还剩下四种没有地方用，你预备用来对付谁？"

文种自觉被逼上绝路，除了自杀外，他已别无选择。

而范蠡却有先见之明，选择功成身退，远离祸患，他下海经商，结果成了一个大富翁，并自号陶朱公。

不论是文种被越王勾践诛杀时后悔没有听范蠡之言，还是韩信在临刑之前发出“狡兔尽、走狗烹；飞鸟尽、良弓藏；敌国破、谋臣亡”的浩叹，同样都印证了一个现象——当开国皇帝江山稳定时，历代辅助开国皇帝的名将都难得善终。尽管他们骁勇善战，没有在战场上死于敌人之手，但最后往往死在自己辅助的帝王刀下。

不管朝代如何更迭，这一现象都在重复上演。在上述这个案例中，范蠡是非常清楚的，他知道越王勾践是一个坏老板，越王勾践是一个典型的人面兽心型老板。还没有等到老板反击他时，范蠡就主动归隐；而文种呢，没有此预见和智慧，贪恋名利，对主子心存幻想，结果不得善终。今天很多职场中人，也如文种一样，不能清醒地看透自己老板的真面目，直到被深深刺痛，才有所觉悟，但往往已经晚了，自己的职业生涯和光明前途被眼前的坏老板给毁掉了。

在本案例中，文种遭遇了老板勾践的“卸磨杀驴”，究其原因是因为没有选对老板。

新闻集团全球副总裁兼星空传媒（中国）CEO高群耀博士做客《博客训练营》时强调：“跟对人，是事业发展中我感觉最重要的因素之一。一个好的老板，他一般来说是一个老师、一个教练、一个朋友、一个力量的源泉，有事会找到他，你从他那里回来就特别精神，积极性就上来。所以想找一个好的老板，他具有这些部分，你就成功了一半。当然，如果要是跟错了人怎么办？这又是另外一个话题，我还可以和大家扯出更多的话题。但是跟对人，在事业过程中和选对行是一样重要的。”

从高群耀的话中不难看出，要想成为打工皇帝，必须要选择一个好老板，否则自己非但不可能成为打工皇帝，反被老板“扼杀”了。

文种被“卸磨杀驴”的案例警示职场人士，在纷纷攘攘的乱世中，要始终保持一颗诸葛亮般睿智的心，找到一个好老板，找到属于自己的人生舞台。选择了一个好老板，等于选择了一个好公司，就等于选择了一个光明的未来。

【第三章】

既要会干，还要会表现

老板是需要感动的，只要你感动了老板，你就离打工皇帝不远了。

——新华都集团总裁兼CEO 唐骏

一、用细节感动你的老板

在实际的工作中，每一个细节，都不能忽略。只有把每一个细节都做到位了，才能感动你的老板。究其原因就是：海不择细流，故能成其大；山不拒细壤，故能成其高。任何一件大事都是由众多的小事积累而成的，忽略了小事就难成大事。只有从小事做起，逐渐锻炼意志，增长才智，日后才能做大事。而那些眼高手低者，永远也不可能干成大事。因此，从小事中见精神，得认可，以小见大，见微知著，以赢得老板对你的信任，你才能有机会成为打工皇帝。

1.感动老板的机会在每个细节中

细节和感动老板本来是风马牛不相及的两个词，但如果细心的职场人士把这两个词琢磨透了，那么他成为打工皇帝的日子也就不远了。

要想成为打工皇帝，感动老板是一道不得不跨的门槛，而细节就能感动老板。关于细节这个问题，早在2000多年前，道家始祖老子就说过："天下难事，必做于易；天下大事，必做于细。"

老子这句话的意思是说：天下的难事都是从易处做起的；天下的大事，都是从细节开始的。

在西方，提及细节这个问题就要晚得多了，直到20世纪中期，德国最伟大的建筑师密斯·凡·德罗，在描述他成功的原因时，只说了五个字："魔鬼在细节。"

不管是中国2000多年前的老子，还是德国最伟大的建筑师密斯·凡·德罗，他们都对细节作了深刻的阐述，可见其对细节的作用和重要性的认识。

据笔者观察，凡是能成为打工皇帝的，如原通用电气（GE）董事长兼CEO杰克·韦尔奇（Jack Welch）、新华都集团总裁兼CEO唐骏、联想集团董事长杨元庆等，他们都是非常注重细节的。所以，对于职场人士来说，要想感动自己的老板，就必须注重每一个细节。

可能有读者认为这是小题大做，他们认为只要自己有能力，马虎一点也没有关系。如果你有这样的想法，就很难感动你的老板，也不可能有好的业绩，更不可能成为打工皇帝。

东汉时，有一个名叫陈蕃的少年，尽管年纪尚小，但是却自命不凡，一心只想干大事业，很多小事情他根本不放在眼里。

秋天的一个下午，陈蕃的好友薛勤前来拜访，见陈蕃独居的院落内满地落叶，而且肮脏不堪，便对陈蕃说："孺子何不洒扫以待宾客？"

结果薛勤没有想到，陈蕃居然答道："大丈夫处世，当扫天下，安事一屋？"

薛勤当即反问陈蕃道："大丈夫一屋不扫，何以扫天下呢？"

陈蕃无言以对。

在这个历史故事中，陈蕃欲"扫天下"的胸怀固然不错，但错的是他没有意识到"扫天下"正是从"扫一屋"开始的，"扫天下"包含了"扫一屋"，而不"扫一屋"是断然不能实现"扫天下"的理想的。

其实，陈蕃的行事风格跟今天很多职场人士没有什么区别，这样的想法是断然要不得的，因为再有能力的人也必须注重细节。

事实上，不管是杰克·韦尔奇、唐骏、卫哲，还是杨元庆等打工皇帝，他们的成功都充分体现了"扫天下"与"扫一屋"的哲学关系，说明了任何大事都是由小事积累而成的道理。要是他们当初就不注重细节，他们出绝对不会成为标杆式的打工皇帝。

因此，职场中人一定要留心细节，在很多场合下，一个小小的细节就会改变一个人的命运，使其一举成名。

事实证明，每一个成功者，他们都有一个共同特点，那就是能做小事情，能够抓住生活中的一些细节。对此，俄国作家列夫·尼古拉耶维奇·托尔斯泰曾说过："一个人的价值不是以数量而是以他的深度来衡量的。"

感动老板的机会总是隐藏在每一个细节之中，只是大多数人不知道或者根本不屑去做。

当然，职场人士做好了细节工作，未必就能够遇到平步青云的机会，但如果职场人士不做，就永远也不会有这样的机会。福特的例子可给我们一些启示。

亨利·福特，是美国福特汽车公司创始人。想当年，他也是从低起点一步步走过来的。

1879年，福特离开家乡，去底特律做机械师学徒工。学成后，他去一家名为西屋电气的公司应聘。

当时，与他同时应聘的三四个人，学历都比他高，对此福特心里有些没底气。当前面的几个人面试之后，福特心想：我肯定是没有什么希望了。于是他有心放弃，但转念一想既来之，则安之。为什么放弃呢？这是逃避的行为，他不想成为一个胆小鬼。于是，亨利·福特振作起来。

轮到他时，他大大方方地敲门，然后走进董事长的办公室。

刚进办公室，福特就发现门口的地上有一张纸。他下意识地弯下腰，把那张纸捡起来，一看是一张废纸，他便把它扔进了废纸篓里。

做完这件小事后，福特才走到董事长的办公桌前，大声说：“您好，我是来应聘的亨利·福特。”

他还没反应过来，就听到对面的董事长说道：“好！好！很好！福特先生，你被录用了。”

“啊……”福特有些摸不着头脑，董事长没问他一句话，自己也没说一句话，就这样，不到一分钟，就突然被录用了？他简直不敢相信自己的耳朵，一时有些发呆了。

片刻后，他吃讶地问：“董事长，您是说我被录用了吗？可，可是，我前面的那几位都比我强好多啊，您为什么偏偏录用了我呢？”

董事长听了他的话，笑了笑，说："福特先生，你说得对，前面几位都比你学历高，仪表也好，可是，他们却没有像你这样，看见了一张废纸，就自觉捡起来。他们没有低头看看脚底下的习惯，我认定他们是做不好眼前小事的人；而你呢，却做到了。能做小事的人才能做大事。所以，我认定你就是我们要找的人，是一个能做大事的人。所以你被录用了。"

福特，就这样出乎意料地一步踏进了这家有名的公司。

本案例中，福特的想法跟很多人一样，面对学历比自己高、能力比自己强、经验比自己丰富的对手，往往也是没信心。但是，能够捡起地上的废纸这种小事的人并不多，只有亨利·福特这样注重细节、有良好习惯的人才能做到，所以福特成功了。

福特为什么面试会胜出，完全就是出于根植于他内心深处的细节处理习惯以及强烈的责任心。

可能有读者说："不就是一张废纸吗？一张废纸有那么重要吗？"在某些场合下，一张废纸说它重要，它就重要，说它不重要，它就不重要。然而从一张废纸，足以看出一个人的品行和责任心。

从上述案例中，我们可以得出一个启示：只有看见小事的人才能干成大事，但只能看见大事的人，不一定能处理好小事，因为天下大事都是由小事组成的。集小恶则成大恶，集小善则为大善。对于困惑的职场人士来说，做好每一个细节才有可能感动老板，这是非常重要的经验。

2.每桶4美元与标准石油董事长

在很多场合下，由于工作的原因，笔者经常见到一些爱抱怨的员工：要么说自己没有遇到好的老板，要么说自己干的工作实在是太枯燥乏味。

对于这些抱怨，笔者以为这些员工都是不注重细节的员工，因为每一个老板都会刻意地在自己的组织中去寻找自己的部门经理。如果员工是一个注重细节的人，那么老板发现他的可能性就会大大增加；相反，只知道抱怨而忽视细节的员工，也就只能在抱怨的工作状态中碌碌无为地度过。

事实上，倘若一个员工真的是一块纯度达到99.9999%的金子，无论他选择什么种类的工作，无论在什么环境下工作，这样的员工都因为自己注意细节而闪耀着灿烂的光芒。而那些“泥土”和“浊水”挡不住金子自身散发的光辉。如果员工觉得这句话错误，那么只能证明他不是一块纯度较好的金子。我们来看看标准石油前董事长阿基勃特是怎么样工作和如何感动老板的。

19世纪70年代，约翰·戴维森·洛克菲勒创建了标准石油公司，世界石油公司的发展从此进入了一个新的时代。

标准石油公司成就了洛克菲勒，使他成为美国的亿万富翁，创造了美国的一个财富神话。

在美国标准石油公司里，其他的神话也同样在创造着——一个推销员后来成为标准石油公司的掌门人，这在美国是前所未有的。

这位推销员叫阿基勃特。阿基勃特有一个习惯，就是无论走到什么地方，都会写下“每桶四美元的标准石油”这几个字。

哪怕是住旅馆时，阿基勃特照样会在自己签名的下方，写上

“每桶四美元的标准石油”这几个字。

在与其他公司交货的收据上同样写下“每桶四美元的标准石油”这几个字。

甚至在写给朋友、家人、上司，甚至是老板的书信中也绝不例外，只要签了阿基勃特的名字，就一定写上“每桶四美元的标准石油”这几个字。

在美国标准石油公司里，阿基勃特因此被同事叫做“每桶四美元”，而他的真名阿基勃特倒没有人叫了。

当阿基勃特写下很多“每桶四美元的标准石油”这几个字后，许多客户都知道了这个公司产品的价格，纷纷找阿基勃特订货。

甚至有客户打电话到董事长办公室找写下“每桶四美元的标准石油”这几个字的阿基勃特。时任公司董事长的洛克菲勒对阿基勃特的行为非常认可，并深受感动，他说：“竟有职员如此努力宣扬标准石油公司的产品，我要见见他。”

于是，洛克菲勒邀请阿基勃特共进晚餐。

后来，洛克菲勒卸任，阿基勃特成了标准石油公司的第二任董事长。

在很多公开课中，我经常把这个故事讲给学员们听，很多学员听后也很受启发。尽管这是一个老掉牙的故事，但它有很高的传播率，由此也足以看出这个故事的典型意义。

要说阿基勃特有什么特别的神奇之处吗？没有。为什么阿基勃特能成为标准石油公司的董事长呢？原因就是阿基勃特做了一件谁都可以做到的事情，而这件事其他同事都没有去做。就是这么一件容易做的看起来微不足道的小事，却成就了阿基勃特。在美国标准石油公司里，肯定有不少同事，不管是才华，还是能力都在阿基勃特之上，但他们都没有去做，只有阿基勃特一个人去做了，而且坚定不移，乐此不疲。这就是为什么只有阿基勃特成了标准石油公司董事长的关键原因。

这个故事对我们今天的职场人士有着诸多的借鉴和参考，那就是，有许多不起眼的小事情，却蕴藏着成功的必然。

小职员卡洛·道尼斯最初为美国工业家——曾组建了别克汽车公司、通用汽车公司和雪佛兰汽车公司的威廉·克拉普·杜兰特工作时，职务很低，后来成为杜兰特的左膀右臂，担任其下属一家公司的总裁。他之所以能如此快速地升迁，秘密就在于做好每一个细节感动自己的老板。

《华尔街日报》记者曾经拜访卡洛·道尼斯，询问其成功的诀窍。卡洛·道尼斯平静而简短地说：“在为杜兰特先生工作之初，我注意到，当每天下班后，其他同事都下班回家了，杜兰特先生仍然会留在办公室里继续工作，而且经常工作到很晚才离开。因此，我决定下班后也留在办公室里。是的，的确包括杜兰特先生在内的任何人都没有要求我这样做，但是我认为自己应该留下来，当杜兰特先生需要帮助时，我就可以为他做一些力所能及的事情。”

尼斯介绍说：“工作时，杜兰特先生经常找文件、打印材料，最初这些工作都是他自己亲自来做。很快，他就发现我随时在等待他的召唤，并且逐渐养成招呼我的习惯……”

从道尼斯的介绍中可以看到，杜兰特先生为什么会养成召唤道尼斯的习惯呢？ 因为道尼斯自动留在办公室，使杜兰特先生随时可以看到他，并且道尼斯诚心诚意为杜兰特先生效劳。

道尼斯这样做并没有获得额外的报酬，但是，他却获得了杜兰特先生了解他的更多机会，使自己赢得杜兰特先生的关注和信任，最终获得了提升，成为一名出色的打工皇帝。

的确，上述案例中的情景每天都在发生。为什么有的职场人士能把握机会脱颖而出，而有的职场人士一辈子都生活在抱怨和无休止的拖沓中？原因就在于细节，是细节决定了成败。

就像上述案例中的小职员卡洛·道尼斯一样，他也不知道老板会提拔他，但他明白，只有做好每一个细节，才能感动老板。

当然，在公司中，尽管不是你的工作，也不是你的职责范围，而你像卡洛·道尼斯那样把该做的工作做到位了，这可能对于你来说就意味着有升迁的机会。职场专家曾经研究过，为什么当机会来临时，很多职场人士都无法确认这是一个可以升迁的机会，主要是由于机会往往乔装成棘手“问题”的样子出现，而职场人士没有抓住。

在这里，我要告诫职场人士的是，当上司、老板、顾客甚至是同事交给你某个工作任务时，可能意味着为你创造了一个升职的大好机会。因此，对于每一位职场人士来说，获得升职的秘密在于：不遗余力地注重细节，把工作中的每一个细节都做到位。在日常的工作中，职场人士多做一点细节的工作，就会使自己最大限度地感动老板。细节的力量是无穷大的，只有懂得重视它的人，才能得到它的垂青。

3.打动老板的心

目前出版的许多书中，都在强调细节的伟大作用，也包括我的

《管理无小事》一书。在本书中，我不再重复细节对企业的作用，我只是强调职场人士要想成为打工皇帝，必须感动自己的老板。那么如何才能感动老板呢？一个非常简单而又容易做好的事情，就是干好自己的本职工作，做好每一个细节。

历史总有着惊人的相似，这样的故事每天都在上演着。有人说能成为世界上伟大的打工皇帝对于我们一线的职场人士来说有点遥远，那么针对这样的疑问，我就从一个真实的案例讲起，这样更有实际的借鉴意义。

刘宏学的是广告专业，从北京某大学毕业后，通过一个老乡的介绍，去一家业内有名的广告公司面试。

该公司用人的条件非常苛刻，面试时，公司老板孟祥东说：“其实公司目前不缺人，不过可以给年轻人一次机会。如果你在两个月内能够拉到150万元的业务，就聘用你。试用期内除提供差旅费和出差补贴外，其他一切费用自理。”

刘宏性格开朗，加之刚踏出校门，对现实情况了解不够，所以他认为两个月150万元，对一名广告人来说，这样的业务量真的不大。所以他以为老板有意照顾他这个新人。听说在世界5A级广告公司，业务员一个月的业务量都是上亿元，于是他就爽快地答应了。

然而，让刘宏没有料到的是，做广告人远比他原来预想的要艰难。他在大学时那“不做总统，就做广告人”的口头禅已经不敢提及。更让他困惑的是，出外谈业务时，很多时候，刘宏根本就见不到能当场决定是否做广告的企业老板，往往只能跟那些不负责广告投放的副总们交流，他不断地谈及自己广告公司的实力，以及独特的创意。

有的公司副总出于对刘宏关心的目的，于是直接告诉他说：“我们公司今年的广告预算都已经做完了，明年的预算现在还早了一点。”

个别的公司副总耐下心来倾听了刘宏的广告投放分析报告，却要刘宏拿出广告投放分析创意方案参加公司的投标。一个月眼看就要过去了，刘宏没有拿到一单业务，哪怕是一个小业务也没有。

面对惨败的第一个月，刘宏尽管有些失望，但还是重拾信心。不久，他找到了一家新建的大酒店。

酒店的副总说：“我们有做广告投放的打算，但这个事情我做不了主，必须得总经理拍板才行。不过，总经理非常忙，您要有足够的耐心才有可能找到总经理。”

当刘宏得知这个消息后，就决定苦等该酒店总经理。然而，他在总经理办公室外等了九天后，依然没有等到总经理。刘宏决定另辟蹊径。

接下来刘宏做的第一件事情，就是每天给总经理写一封信，详细地向酒店总经理介绍酒店的CI设计，并附上其独特的创意方案。

一周后，刘宏还是没有收到该酒店总经理的回信。

由于刘宏这段时间常跟酒店的工作人员打交道，大家也都熟悉他了。刘宏向保安打听到总经理的车牌号，就守在酒店外的停车场等。

又过了一周，该酒店总经理终于被刘宏等到了。酒店总经理说：“你的方案我都看了，我就知道你能‘抓’到我。你这个人很有性格，我的秘书说你守在酒店里快两个星期了。”

刘宏回答说：“是的。”

经过艰苦的谈判，刘宏的公司终于取得了该酒店的广告投放代理权。

但是，刘宏很快就被该酒店的总经理“挖”走了。酒店总经理

任命刘宏担任酒店形象策划部的经理，全面负责该酒店的品牌形象宣传。

案例中的刘宏，之所以能够得到酒店总经理的赏识，主要是因为刘宏不仅做好了自己的本职工作，还做好了每一个细节工作。

然而，遗憾的是，很多职场人士却认为，在公司里，只要较大的工作任务做到位就可以，至于一些工作任务马马虎虎地应对过去就行了，不会给公司造成多大影响，更不会有多大的损失了。

这些职场人士不知道，正是这些往往不值一提的小事情，或者小任务，一旦你执行不到位，反而最容易给老板留下坏印象，当然你也就会失去晋升机会，成为打工皇帝的梦想也将难以实现，更有甚者会被老板辞退。所以，对于职场人士而言，做好每一个细节是感动老板的一个重要行动，也是赢得晋升的有效手段。

实际工作中，细小的环节往往体现出工作者的责任感。要想成为打工皇帝，就必须注重细节，因为做好了每一个细节才能说明你尽职尽责，才能感动你的老板。有人说，细节是每一个职场人士成为打工皇帝的重要因素，也是战胜竞争对手的一个重要方法。

对此，通用电气前CEO杰克·韦尔奇在接受《商业周刊》采访时说：“企业的竞争实质上就是细节的竞争，企业做好了细节，就做好了赢得竞争的准备。”

企业是这样，在竞争激烈的今天，职场人士何尝不是如此呢？作为一个职场人士，不仅仅要关注企业宏观战略的内容，还要注意企业微观方面的发展内容。这就要求职场人士从细节入手，把工作任务做细、做精、做透，从而把每一个工作任务都做到位。而老板大都会提拔那些冲锋陷阵同时注重细节的人。所以，作为职场人士，重视细节就意味着自己被提拔的可能性更高，自己也就离打工皇帝越来越近了。

一个老板绝对不会提拔一个马虎的人，因为一滴水可以折射出整个太阳的光辉，一件小事可以看出一个员工的品行和责任心。一个员工能不能被提拔重用，热爱企业是一个起码的职业素养，不仅体现在大是大非面前，更体现在细微的每一件小事中。

在实际的工作中，如果一个部门经理不谨慎、马虎、大大咧咧，这样的部门经理是不合格的；同样，这样的部门经理也是不可能把一个重大的项目圆满完成的。如果让这样的部门经理采购水泥，他有可能由于工作疏漏采购了一批不达标的，或者质量不合格的水泥，而该建筑公司正准备用这批水泥作为建筑材料，这样的工作疏漏就为事故的发生埋下伏笔，其灾难的发生也就在所难免了。

因此，作为职场人士，大到公司战略，小到一个产品的设计，即使是最细微的地方，一点点细节处理得不到位，都有可能造成无法预估的惨重损失。在实际工作中，每个职场人士都应该培养把工作做到位的工作作风。通常认为小事就可以被忽略或者置之不理的做法都是缺乏细节的表现。正是这样的想法，有可能导致工作中严重的错误，公司也可能为之付出惨重的代价。所以，对于任何一个要成为打工皇帝的职场人士来说，只有做好了细节，才有可能感动自己的老板。

所以，工作中，每个人都要培养一丝不苟的精神，不能眼高手低，不做小事，忽略细节，否则，就是做事没有责任心的表现，不仅容易出错误，而且还容易因忽略小事而酿成大错。

二、用忠诚感动老板

职场人士要感动老板，就必须对老板、对自己所处的企业忠心耿耿。职场人士必须明白，一个立志于成为打工皇帝的人，不仅要精明能干，因为这是赢得老板认可的重要因素，但更需要忠诚。

如果对企业不忠诚、对老板不忠诚，那么即使技能再好的职场人士也会被拒之千里之外。特别是那些知晓了许多商业秘密与核心业务的公司员工，一旦将公司商业机密或者核心业务泄露出去给竞争对手，那后果就不堪设想。这就是很多企业老板把员工的忠诚放到品德第一位的重要因素。对于老板而言，宁愿把一个忠心不二却能力平平的下属放到重要的岗位上，也不要一个不忠诚的人才，无论他多有才。

所以，要想感动老板，就必须在老板面前抓住机会证明自己的忠心不二，尽可能让老板觉察到，你是忠诚于老板的。只有让老板看到你对企业和老板的忠诚不二，你才有感动老板的可能，也就能迈出成为打工皇帝的第一步。

1.忠诚比能力更重要

作为职场人士，忠诚已经成为职场上的第一竞争力，也是感动老板的一个重要利器。一直以来，不管是古代的君臣还是现代的老板与员工之间，忠诚和信任都十分重要。而臣子或员工的忠诚，不仅仅是一种品德，更是一种最能打动上司的能力，而且是其他所有能力的统帅和核心。

美国西点军校的校训 “对上要忠诚于最高的指挥官，对下要忠诚于所有的下属，即做好领导一定要保护下属”，就不难看出对忠诚的重视。

我们从下列几个方面来说明“忠诚是品德，更是能力”的观点（见表3-1）：

表3-1 “忠诚是品德，更是能力”的四个表现

（1）忠诚已经成为感动老板的第一竞争力	对职场人士来说，忠诚已经成为职业场上的第一竞争力，也是感动老板的一个重要利器。随着市场化不断发展，核心人才的竞争已从过去单纯的技能竞争，开始偏重于“品德”与“工作技能”等多方面的竞争。在员工品德方面，忠诚始终是排在第一位的。20世纪90年代，包括企业在内的各种组织招聘核心人才时，首先看重的往往是文凭，其次是工作经验。而如今，包括世界500强企业在内的众多优秀企业在招聘人才时，已经把忠诚排在第一位。
（2）忠诚能力是其他所有能力的统帅	对于企业而言，如果一个员工缺乏忠诚，即使其他所有能力再强，诸如计划能力、组织能力、控制能力、解决问题的能力等等，也都将失去用武之地。
（3）忠诚是获取回报的前提	在面试中，感动老板的第一项特质往往是你的忠诚。正是因为老板看到了你的绝对忠诚，老板才会把岗位放心地交给你，才会给你物质和精神两方面的回报。事实证明，忠诚和回报是有先后顺序的，忠诚是回报的前提。很多年轻求职者不懂得这个关系，在面试时，首先强调的就是向老板要求期望的回报，这种本末倒置的做法，最终导致他们无法争取到预期的岗位，从而失去了获取理想回报的机会。

续表

（4）忠诚决定你在组织中的真正地位	众所周知，在任何一个企业里面，都存在着一个隐形的同心圆。老板是这个圆的圆心，而圆心向外发散的就是忠诚于企业、忠诚于老板、忠诚于岗位的众多员工。在圆心的周围，离同心圆的圆心即老板越近的员工，通常都是忠诚度越高的员工，同时也是老板信任的员工，但他们不一定是职位最高的员工。尽管很多高层管理者天天和老板打交道，但不一定得到老板的信任。很显然，越靠近“同心圆”圆心的员工，获得稳定的职业和稳定回报的几率就越大。

从表3-1可以看出，在老板的意识中，忠诚往往胜于能力。主要体现在很多企业，特别是世界500强企业的招聘中，人力资源部往往会在招聘过程中实施各种各样的方法来测试应聘者的忠诚度。一旦应聘者被认定对企业的忠诚度不高，就算是应聘者工作经验再丰富、拥有哈佛大学和耶鲁大学等大学的博士学位也不可能被录用。因为人力资源部的面试官都非常明白，一个忠诚度不高的人往往很难安心在一个公司长时间效力，一旦背叛公司，就可能会给公司造成无法估量的损失。

古今中外并不缺乏有能力的人才，但忠诚的人才却难求。媒体报道说，最近很多企业，特别是江浙一带的企业出现“用工荒”。其实，他们没有真正出现“用工荒”，只是没有招到既有能力而又忠诚的人才。每一个老板最想要的、苦苦寻找的都是既有能力而又忠诚的人才，他们才是老板们理想的人才。

老板选择既有能力而又忠诚的人才的根本原因就是：那些忠诚

于老板、忠诚于企业的员工，往往在工作中都非常敬业，而且从不找任何借口。因此，要想成为打工皇帝，必须拿出自己的忠诚，因为忠诚不仅能够感动老板，而且还能被老板提拔和重用。

古罗马王子约翰·斯特在路过一家住户时，看到他的一个仆人正紧紧地抱着一双拖鞋睡觉。约翰·斯特走上去，试图把那双拖鞋拽出来，却把仆人惊醒了。

这件事给约翰·斯特留下了很深的印象，约翰·斯特立即得出了结论：对小事都如此小心的人一定很忠诚，可以委以重任。所以约翰·斯特便把那个仆人升为自己的贴身侍卫，结果证明约翰·斯特的判断是正确的。

那个年轻人很快升到了事务处，又一步一步当上了古罗马的军队司令，最后他的美名传遍了整个古罗马。这个仆人就是著名的古罗马大将军马修斯。

在马耳他，这个有关忠诚的古老故事至今仍在流传着。从一个仆人到将军，他不仅创造了职场神话，同时也为今天的职场人士提供了一个参考的范本。

可能有读者会问，是什么力量促使马修斯从仆人蜕变成一个著名的大将军呢？答案就是：忠诚。

上述这个故事告诉职场人士，要想成为一位标杆式的打工皇帝，忠诚就是一种必备的素质。

在恶劣的作战环境里，只有每个战士都百分百地忠诚、团结，才有可能打败敌人。同样，在职场上，只有忠诚的人，才可能百分百地尽职尽责。因为忠诚让组织成员认可其主体，这将直接影响主体目标的实现；而组织目标的实现，又必须依靠组织成员去完成。

毫无疑问，在实际的职场中，绝大多数员工对老板还是非常忠诚的，要求自己把所从事的工作做到最好。

然而，总有一部分员工忠诚度不高，在上班期间不仅工作任务执行不到位，甚至当老板不在办公室的时候，故意把某些工作推迟到第二天。对这种忠诚度不高的员工，老板是绝对不会重用的。

要想成为打工皇帝，忠诚是其前提条件。读者可能会问：对老板忠诚具体表现在哪些方面呢？这个问题问得很好。对老板的忠诚体现在：员工必须尽职尽责，保守公司商业机密。另外，员工除了做好分内的工作之外，还应该以老板的心态来要求自己，即老板的事业就是自己的事业。不管老板在不在公司办公室，都必须认真、敬业地工作，完成公司分派的工作任务，同时也必须爱护公司的设备和财产。

有一位员工说："如果老板把所赚的利润给我一半的话，我将比平时更加勤奋、谨慎、节俭和专心。"说这话的员工眼睛一味盯着钱，而不想着首先付出，尤其是付出忠诚。试想，这样的员工，纵使再有能力，又怎么可能成为打工皇帝呢？只有忠诚，才会赢得老板的关注，得到老板的重用，自己迅速的提升也才成为可能。相反，如果员工缺乏忠诚，其他的能力往往失去用武之地，也就最终失去了意义。

在一项对世界500强企业家的调查中，当问到"您认为一名优秀的员工最应具备什么样的品质"时，他们无一例外地选择了"忠诚"。

毋庸置疑，忠诚是每一个职场人士最值得重视的品质。在那些伟大企业的发展过程中，往往有一批批忠诚的员工为之付出了汗水、鲜血，甚至是生命。相反，如果所有的员工对公司都不忠诚，那么这个公司的结局必然是破产，那些不忠诚的员工也自然就会失业。而世界500强的职业经理人大都是从基层干起的，他们能做到世界500强CEO的位置，正是源于他们对老板的忠诚，把老板的事业当做自己的事业。

安妮毕业于北京某大学文秘专业，由于她专业知识扎实，毕业后就被一家世界500强企业聘为中国区总部总经理的秘书。

刚开始，安妮每天的工作就是整理、撰写、打印一些材料。在很多同事看来，安妮的工作单调乏味，但安妮却不这么认为。

安妮很喜欢这份别人看来非常单调乏味的工作，她说："检验工作唯一的标准就是你做得好不好，不是别的。哪怕是一份平常得不能再平常的工作，也要做到最好；如果做得不好，哪怕是被认为最好的工作，也不可能做好的。"

安妮依然像以前那样认真工作，有时晚上还要加班。后来，安妮发现该公司的一部分文件中存在较多的问题，而且这些问题还包括公司一些经营运作方面的。

发现这些文件存在问题后，安妮每天除了必做的"整理、撰写、打印一些材料"的工作之外，还细心地搜集一些关于相关问题的资料，甚至是过期的资料。

安妮把这些资料整理分类，进行可行性分析，然后，针对公司出现的问题，提出自己的建议。为此，安妮还查询了很多有关经营方面的书籍。最后，安妮把打印好的分析结果和有关证明资料一并交给了老板。

总经理拿到安妮给的这份建议，开始也没太在意，也没细看，但一次偶然的机会，总经理读到了安妮的这份建议，十分惊喜。

让总经理大感意外的是，这个平常工作非常认真的秘书，居然对公司问题如此了解，特别是她的建议，逻辑性强，思维缜密，问题分析也井井有条，详略得当，而且还细致入微，可以说十分中肯，十分有意义。

安妮的这份建议，有很多条都被总经理采纳了。接下来，在一次员工动员大会上，总经理当场宣布——任命安妮为遵义分公司的总经理。

从上述这个案例可以看出，忠诚不仅仅是职场必备的美德，而且还是被提拔与否的一个重要参考依据。在任何一个企业里，那些成为企业骨干的部门经理都是经过一段时间的磨练，才被老板提拔上来的。而那些忠诚度较低的员工却在不断的跳槽中迷失了方向，最终也被其他公司淘汰了。

上述案例中的安妮，觉得老板的事情就是自己的事情，多做一点也是应该的。正是因为安妮的忠诚感动了老板，所以她得到了提拔。反之，对企业不忠诚的员工，无论他到哪里都会因缺乏忠诚而被企业弃用。

任何一个公司的重要工作，都需要像安妮那样兢兢业业、热情饱满的员工来完成，所以这个老板对安妮委以重任。当然，在公司里，一定有很多比安妮更有才能的人，占据着比安妮更重要的职位，但他们缺少像安妮一样的忠诚，所以没得到安妮那样的机会和幸运。

深圳艾奇电子公司老板尹艾奇深知人才的重要性，于是拿出一大笔资金用来作为公司员工的技能培训费用。

三年后，艾奇电子公司便拥有一批得力的技工，有不少员工经过这三年的技能培训，已渐渐成为艾奇电子公司生产和产品研发的骨干。

在从后的一段时间里，艾奇电子公司的订单源源不断，不管是规模还是利润都大幅度增加。

尹艾奇欣喜若狂，对这批技工更是关心备至——频频加薪宴请，嘘寒问暖。

这时的老板和员工关系非常融洽。

尹艾奇在接受媒体采访时，颇为得意地说："我一手抓金钱，一手抓酒瓶，还怕员工不卖命？"

然而，就在尹艾奇接受媒体采访半年后，公司那个毕业于国内某著名大学热能物理专业的技工头目，在尹艾奇加薪宴请的关心中居然开始蜕变，满脑子只有钞票、美酒，本分的他逐渐变得自私、贪婪，眼珠子整天贼溜溜地转，对名利汲汲以求，不再关心别的。

有一次，这位技工头目和尹艾奇酒酣耳热之际，竟萌生了歪念："我有一批骨干，老板没我不行，何不敲他一杠？"

开始，他借着醉酒向尹艾奇暗示，见这招非常有效，继而便公开向尹艾奇讨价还价，得寸进尺，其私欲一发不可收拾。

如果尹艾奇稍不遂其意，他便带头怠工，再以集体跳槽相威胁，最后竟然在外商验货之际做了手脚，使企业损失惨重。尹艾奇怒不可遏，把这批技工全部炒掉，企业也因此而元气大伤。

从上述案例中我们得出一个结论，只有全体员工对企业足够忠诚时，才能更好地推动企业的生存和发展。

同样，当企业发展壮大时，企业这个平台就需要更多忠诚度较高的人才，员工只有具备了忠诚的品质，老板才能给你提供实现自我价值的平台。

在一些世界500强企业中，绝大多数高层管理人员都是从公司内部培养和选拔上来的。

如果员工忠诚度较高，始终敬业地对待自己的工作，那么，赢得晋升并被委以重任的机会将大大增加。

对此，联想集团创始人柳传志在接受媒体采访时强调："没有任何一家公司有权利永远生存下去，只有通过员工对公司忠诚的塑造和不懈的努力奋斗，才能够争取。"

2.忠诚是永久的法宝

对于忠诚，有些人对其存在一定的误解，认为忠诚只存在于那些惊天动地的大事业中。其实不然。忠诚不仅体现在一些伟人伟业方面，而且更多地体现在我们每一个人的日常工作中。

自古以来，每一个成功的大臣，都是以忠诚赢得帝王的信任的。同样，在职场上，那些成功的打工皇帝，也是以忠诚赢得老板器重的。因此，一个员工只有具备了忠诚的品质，对老板忠诚，对企业忠诚，才有可能感动老板。

斯坦曼原是德国一名犹太族工程技术人员，因为德国纳粹大肆屠杀犹太人，斯坦曼逃难到美国，希望在美国这块土地上安身立命，并且实现自己的梦想。

但举目无亲的斯坦曼根本无法立足，只得到处流浪。后来，他幸运地得到位于底特律市郊的一家小工厂老板的器重，聘用他担任生产机器马达的技术人员。

斯坦曼的工作作风十分严谨，富有钻研精神，因此，他很快掌握了马达的核心技术。

1923年，美国福特公司有一台马达坏了，公司的工程技术人员未能修好，正无计可施时，斯坦曼脱颖而出——他被福特公司请去维修马达。

来到现场后，斯坦曼要了一张席子铺在电机旁，聚精会神地听了20分钟。然后，他在电机的一个部位用粉笔画了一道线，写上“这儿的线圈多绕了16圈”几个字。福特公司的技术人员按照斯坦曼的建议，拆开电机把多余的16圈线取走，再开机，电机正常运转了。

福特公司总裁亨利·福特得知后，对这位德国技术员十分欣赏。他先是给了斯坦曼一万美元的酬金，然后又亲自邀请斯坦曼加盟福特公司。但是斯坦曼却对福特说：“我不能离开那家小厂，因为那家小工厂的老板在我最困难的时候帮助了我，我要与小工厂共荣辱。”

亨利·福特先是觉得遗憾万分，继而感慨不已。福特公司在美国是实力雄厚的大公司，人们都以进福特公司为荣，而斯坦曼却因为忠诚而舍弃如此好的机会。

很快，福特做出一个决定：收购斯坦曼所在的那家小工厂。董事会的成员都觉得不可思议：这样一家小工厂怎么会进入亨利·福特总裁的视野？

亨利·福特说：“人才难得，忠诚更难得，因为那里有斯坦曼。”

因为一个人才，亨利·福特买下了那个工厂。可能读者会问：购买一个工厂就为了一个人才，值得吗？当然值得。正如亨利·福特所说："人才难得，忠诚更难得，因为那里有斯坦曼。"

这就是忠诚的力量，斯坦曼的成功说明了这一点。这就是有些老板宁愿把重要岗位给一个能力二流却足够忠诚尽责的员工，而不愿把重要岗位给整天朝秦暮楚、忠诚度极低的员工的原因。

上述案例警示我们每一个职场人士，如果你绝对忠诚于老板，那么你被老板提拔的几率将大大增加。可能你的工作技能暂时不能胜任高层的管理工作，但只要对老板和企业有较高的忠诚度，老板会很高兴支付大量的费用和时间给你培训的机会。老板这样做，主要是因为你忠诚度高，值得老板投入时间和费用来培养，因为任何一个老板都不会容忍忠诚度较低的下属。

然而，在世界500强企业都在中国设立亚太总部的今天，由于这些世界500强企业个个财大气粗，不惜血本挖掘人才，有很多人在高额薪水面前开始选择背叛自己的东家了。

在高薪、高福利等诱惑面前，能够依然对老板和企业保持忠诚的人，自然显得难能可贵。

作为职场人士，特别是梦想成为打工皇帝的人，在忠诚于老板的同时，更需要坚定抵抗诱惑的意志。在人才激烈竞争的今天，员工的忠诚不仅关系着自身的职业发展，同时更关系着一个企业的兴衰。因此，一个忠诚的员工，不管在任何一个地方、从事任何一项工作，都会受到老板的重用，从而成为一位优秀的打工皇帝。

在乔治·泰勒的意识中，没有什么比忠诚更重要。尽管乔治·泰

勒刚从大学毕业，到钢铁公司工作还不到一个月的时间，但是乔治·泰勒发现，该钢铁公司很多炼铁的矿石并没有得到完全充分的冶炼，仍然有一部分矿石中残留着没有被冶炼好的铁。

乔治·泰勒看到这样的情况，感到有责任解决这个问题。他想，如果这种情况再持续下去，那么公司将面临很大的经济损失。

尽管是一名新员工，但是乔治·泰勒还是找到了负责这项工作的工人，跟他说明了情况，这位工人说："如果技术有了问题，工程师一定会跟我说，现在还没有哪一位工程师向我说明这个问题，说明现在没有问题。"

乔治·泰勒又找到了负责该技术的工程师，对工程师说明了情况。但该工程师非常自信地说："我们的技术是世界上一流的，怎么可能会有这样的问题呢！"

不可否认，这位工程师的说法是有道理的。的确，在当时，该钢铁公司的技术是世界一流的。然而，在乔治·泰勒看来，这位工程师并没有把他说的问题当回事。乔治·泰勒坚持认为，世界一流的技术，出现这样的问题，是一个非常大的问题，不应该忽视。

乔治·泰勒这回动了真格，拿着一部分没有冶炼好的矿石样品找到了公司负责技术的总工程师。乔治·泰勒对总工程师说："先生，我认为这是一块没有冶炼好的矿石，您认为呢？"

总工程师看了乔治·泰勒带来的矿石样品，说："没错，你说得对。哪里来的矿石？"

乔治·泰勒回答道："是我们钢铁公司的，其实还有很多这样的矿石。"

总工程师听了乔治·泰勒的回答，很吃惊地问："怎么会，我们公司的技术是一流的，这样的问题怎么可能发生？"

乔治·泰勒坚持自己的说法，如实地告诉了总工程师是如何发现这种矿石样品的经过，同时还告诉总工程师说：“负责该技术的工程师也这么说，但事实确实如此。”

总工程师喃喃地说：“看来是出问题了。怎么没有人向我反映？”

拿到矿石样品后，总工程师召集负责技术的工程师来到车间，果然发现了一些冶炼并不充分的矿石。

经检查发现，原来是监测机器的某个零件出了问题，才导致冶炼得不充分。

总工程师将此事汇报给该公司总经理，总经理不但奖励了乔治·泰勒，而且还晋升乔治·泰勒为负责技术监督的工程师。

在不久后的员工大会上，总经理非常激动地说：“我们公司并不缺少技术过硬的工程师，但缺少的是忠诚于公司的工程师，更缺少自觉关心公司利益的工程师。这么多工程师就没有一个人发现问题，而且有人提出了问题，还不以为然。对于一个企业来讲，人才是重要的，但更重要的是，要有忠诚于公司的意识，这样才能真正对自己的工作负责。”

案例中的乔治完全可以跟其他新员工一样，看到问题不闻不问，然而，乔治并没有那样做，因为乔治觉得，自己有使命为自己所在的公司减少不必要的损失。

就像案例中那位总经理说得那样，任何一个公司并不缺少工程师，但缺少的是忠诚于公司的工程师，更缺少自觉关心公司利益的工程师。

3.口头上的忠诚并不能感动老板

在很多公开课上，我经常向学员强调，要想真正感动老板，必须懂得“行胜于言”。对职场人士来说，这句话同样适用。口头上的忠诚并不能真正地表示你对企业和老板忠诚，必须通过实际的行动——尽职尽责地工作、保守公司商业机密等等行为来证明自己的忠诚。很多时候，员工在面试或者实际工作中，口头上的忠诚往往不能感动老板，相反还会让老板更加厌恶你。

纵观中外著名企业的著名CEO们，他们的发展历程大都相似，都是因为他们对企业非常忠诚，从而赢得了老板的赏识，得到公司内部选拔，最终成为该公司的CEO。因此，在实际的职场中，如果员工足够忠诚，不为高薪、高福利等诱惑所动，不仅不会失去晋升机会，还会因为忠诚赢得提拔和被重用的机会。

事实证明，没有一个老板不喜欢忠诚可靠的员工。老板时时在观察部属是否忠诚。一个工作不努力、错误不断的员工，迟早会被老板发现。

在很多企业，大部分老板对员工的品格都了解得很详细——他明白谁会寻找机会偷懒，谁习惯在老板面前假装卖力。

一个员工如果想要获得晋升，首先要得到老板的信任。那么，如何才能得到老板信任呢？最重要的就是必须忠诚，这也是成为打工皇帝的前提条件。

德国霍尔电子公司正面临赫赫有名的西门子公司的挤压，处境非常艰难。

有一天，西门子电子公司技术部经理邀请马萨内尔共进晚餐。在饭桌上，这位经理对马萨内尔说："只要你把公司里最新产品的数据资料给我，我就会给你一个出乎意料的回报，怎么样？"

马萨内尔微微一笑，拒绝了西门子电子公司技术部经理的要求："霍尔的公司虽然效益不好，处境艰难，但我绝对不会出卖公司的商业机密。当然，我也不会答应你的其他任何要求。"

"对不起。"这位经理不但没生气，反而颇为欣赏地拍拍马萨内尔的肩膀说："这事就当我没说过。来，干杯！"

过了一段时间，霍尔电子公司终因经营不善而破产。马萨内尔也因此失业。

霍尔公司破产一周后，马萨内尔突然接到西门子公司总裁西门子的邀请，让他去一趟总裁办公室。

马萨内尔疑惑地来到西门子公司，总裁西门子热情地接待了他，并拿出一张聘书——聘请马萨内尔到他的公司做技术部经理。

马萨内尔惊呆了，喃喃地问："我没有给贵公司投递过简历，您凭什么相信我能胜任该岗位呢？"

西门子微笑着说："原来的技术部经理退休了，他向我特别推荐了你。年轻人，你的技术水平是出了名的，你对公司的忠诚更让我佩服，像你这样的人，任何一个企业都会欢迎你的。"

在这个案例中，马萨内尔之所以得到重用，是因为忠诚的回报。如果他当时没有拒绝西门子公司技术部经理的诱惑，那么，后来的好机会就不可能降临到他头上了。

由此可见，口头上的忠诚并不能感动老板，只有行动上的忠诚，才能真正地感动老板，使之重用你。

马萨内尔的案例警示职场人士：在竞争激烈的年代，忠诚已经成为人才角逐的主要手段之一，要想感动老板，就必须有足够的忠诚，否则将会被无情的市场淘汰。

如前所述，对于任何一个企业老板而言，他们都不缺乏有能力的人，但是他们却缺乏既有能力又忠诚的人。在很多企业中，企业老板宁可任用一个能力一般却绝对忠诚的人，也不愿重用一个能力极强而缺乏忠诚的人。

在老板的眼中，一个忠诚的人才十分难得，而既忠诚又有能力的人才更是难求。对企业忠诚的人，老板都会给予一个实现自我价值的舞台。相反，能力再强的人，如果缺乏忠诚，也往往被老板拒之门外。

不管是斯坦曼，还是马萨内尔，他们得到重用都是因为他们非常忠诚，这是感动老板的一个重要因素，这也是他们能够实现自己的职业理想——打工皇帝的一个源动力。只要对企业足够忠诚，时时刻刻忠于职责，成为打工皇帝也就不是什么难事了。

然而，遗憾的是，有很多员工一方面在为就职的公司工作，另外一方面又在为自己的个人得失算计，一旦就职的公司遇到一些挫折，他们就四散而去。

对于这样总是算计个人得失的人，尽管他们在目前似乎有着不错的位置，但这样的逐利行为只能是暂时的，就像流星划过夜空一样转瞬即逝。他们终将会为自己的不忠诚付出沉重的代价。

三、用责任心感动老板

事实证明，一个缺乏责任感或者责任感不强，抑或是一个完全不负责任的人，首先失去的是社会主流价值观对这部分人的基本认可，其次失去的是包括亲人、朋友、老板、上司等其他人对他的信任与尊重。

美国西点军校的校训——“责任、荣誉、国家”，把责任放到了第一位，这一思想被作为准则强化灌输给每个西点军校的学员。因此，要想成为一名合格的、优秀的、卓越的打工皇帝，就必须拥有负责任的职业素质，否则只能成为职场的边缘人物，当初制订的职业规划也会过早地画上休止符，更别谈成为受人敬仰的打工皇帝了。

1.责任胜于能力

无论中外，较强的责任心历来都是组织对成员基本工作素养的要求。对众多中国企业员工来说，较强的责任心是将工作执行到位、提高核心竞争力的有效手段，是员工成为打工皇帝的前提，也是职场人士感动老板的一个重要素质。

决定员工能否成为打工皇帝的因素与员工责任心的强弱程度有着直接的关联，这两者也是辩证统一的。无论任何组织的员工，只要他们有着较强的责任心，对本职工作尽职尽责，就能获得老板的信任和重用，就有可能成为打工皇帝。比如伟大的CEO杰克·韦尔奇，法国雷诺汽车公司CEO、日本日产汽车公司CEO卡洛斯·戈恩（Carlos Ghosn），以及英特尔前董事长安迪·格鲁夫（Andrew S. Grove），他们都是极有责任心的人。他们对自己本职工作尽职尽责，自觉地增强责任感和使命感，力求把工作做到最好，自觉主动地放弃“多干不如少干，干好干坏一个样”的想法，从而在对工作的兢兢业业中实现自己打工皇帝的理想。

要想成为打工皇帝，就要培养自己强烈的责任感和主人翁意识。这就要求职场人士对自身的道德进行约束，不断地自觉提高综合素质，做到“吾日三省吾身”。责任心较强的员工，通常都热爱自己所从事的工作，时刻想着将工作执行到位，并积极解决工作中出现的问题，直到百分百地完成工作。所以，责任心是职场人士成为打工皇帝必须具备的一个素质。

一天，美国《纽约时报》的一位女记者朱迪丝·约翰逊到纽约曼哈顿的总部大楼附近的建筑工地采访，她想知道这些辛勤的建筑工人对自己工作的真实看法。

朱迪丝·约翰逊从工地上随意找了三个采访对象，并问了他们相同的问题：“请问你在做什么？”

朱迪丝·约翰逊问第一个建筑工人时，他正在干活，那个建筑工人头也不抬地回答：“我正在砌一堵墙。”

朱迪丝·约翰逊问第二个建筑工人同样的问题，第二个建筑工人回答说：“我正在盖房子。”

朱迪丝·约翰逊又问第三个工人，这次她得到的回答是：“我在为人们建造漂亮的家园。”

朱迪丝·约翰逊觉得三个建筑工人的回答很有趣，就将其写进了自己的报道。

1999年8月，朱迪丝·约翰逊在整理过去的采访记录时，突然看到了这三个回答，三个不同的回答让她产生了强烈的欲望，想去看看这三个工人现在的生活状态怎么样。

等朱迪丝·约翰逊找到这三个工人的时候，结果令她大吃一惊。当年的第一个建筑工人现在还是一个建筑工人，仍然像从前一样砌着他的墙。而在施工现场拿着图纸的设计师竟然是当年的第二个工人。至于第三个工人，朱迪丝·约翰逊没费多少工夫就找到了他，他现在已经成了一家房地产公司的老板，他就是纽约地产大亨唐纳德·特朗普，前两个工人正在为他工作。

唐纳德·特朗普的事例说明，作为职场人士，有无责任心，或者责任心的强弱直接决定了一个人的前途。在上述案例中，同样的工作，同样的环境，但是不同的责任心却让三个人对工作有不同的感受和认知。

事实上，仅用世俗的标准来衡量我们很多人所从事的工作，的确有些单调乏味，似乎没有任何吸引力可言。但是当我们以较强的责任心去对待这些单调乏味的工作时，即使是机械地重复同一个动作，这些单调乏味的工作也会变得非常有趣。当你在工作中自觉地承担工作责任时，也就赋予了这份单调工作不同的意义，这工作对你就不是一种负担了。

不管是地产大亨，还是普通员工，只要自己拥有高度的责任心，就一定能够将工作做得比别人更到位。很多职场人士总是在原地踏步，一个重要的原因就是缺乏责任心。如果长此以往，就算老板给他机会，这样的员工也只会是一名普通的员工，做不好任何重要的工作。

对于职场人士而言，工作就意味着责任。事实证明，那些敢于承担责任的人，就算从事最平凡的工作，他们也能成为一名优秀的员工。不信，我们来分享一下世界500强员工小田千惠是如何从一名普通的接待员升至接待部主管的。

在日本索尼公司销售部，像小田千惠这样的普通接待员有很多。他们的工作职责就是为往来的客户订购飞机票、火车票。

尽管工作如此简单，但接待员小田千惠却做得非常认真到位，因而得到了很多客户的高度评价。

有一段时间，由于索尼公司业务的需要，接待员小田千惠经常给美国一家大型企业的总裁订购往返于东京和大阪的火车票。

这家美国企业总裁发现了一个非常有趣的现象：他每次去大阪时，座位总是紧邻右边的窗口；每次返回东京时，又总是坐在靠左边窗口的位置上。这样，每次在旅途中，他总能在抬头间就看到美丽的富士山。

刚开始时，这位美国企业总裁只是认为自己运气好而已，但是后来发现不是这么一回事。这位美国企业总裁十分好奇，随后，他专门针对此问题询问小田千惠。小田千惠微笑着解释说："据我的观察，外国人都很喜欢富士山的壮丽景色。您乘车去大阪时，日本最著名的富士山在车的右边，而回来时富士山却在车的左侧。所以，每次我都特意为您预订可以一览富士山的位置。"

听完小田千惠的回答，这家美国企业总裁由衷地称赞道："谢谢，真是太谢谢你了，你真是一个很出色的雇员！"

小田千惠只微微一笑，回答说："谢谢您的夸奖，这完全是我职责范围内的工作。在我们公司，其他同事比我更加尽职尽责。"

尽管此事甚小，但却给这位美国的企业总裁留下深刻印象，他认为这就是责任心的具体表现。他对索尼公司的领导层不无感慨地说："就这样一件小事，贵公司的职员都做到尽职尽责。毫无疑问，你们会对我们即将合作的庞大计划尽心竭力的，所以与你们合作我一百个放心。"

令索尼公司的领导层惊喜的是，因为小田千惠的尽职尽责，这位美国企业总裁将合同金额从原来的500万美元提高到2000万美元。

鉴于这位美国企业总裁的高度认可，索尼公司领导层决定，将小田千惠由一名普通的接待员提升至接待部的主管。

杰克·韦尔奇成为世界最伟大的CEO，与他的责任心有关；张瑞敏成为海尔教父级的人物，与他的责任心有关；柳传志带领联想集团走出低谷，与他的责任心有关……这样的例子举不胜举，可见责任心能最终成就一个人。

在很多企业家论坛上，一些企业家坦言："有人认为员工的智慧很重要，像金子一样珍贵。其实，高度的责任心比智慧更重要，因为企业的竞争实质上是员工责任心的竞争。"

上述案例中，小田千惠的责任心就非常强。事实证明，像小田千惠那样的员工才是企业基业长青和永续经营的保证。尽管小田千惠并没有做出多大的丰功伟绩，但是正是因为有了像小田千惠一样将责任根植于内心，让责任成为其脑海中的一种自觉意识的员工，索尼公司才有今天的辉煌业绩。

可能有读者认为，今天的索尼公司已经衰落了。其实不是这样，索尼只是实现了战略转型而已，淡出曾经辉煌的业务。在创始人盛田昭夫时代，索尼就已经以34亿美元现金收购了哥伦比亚电影公司。以34亿美元现金高价进入好莱坞，关键还在于索尼公司创始人盛田昭夫的一个梦想——索尼不再满足将自己定位于一家娱乐技术的供应商，而是将自己定位为一家娱乐产品的制造商，以此来提升日本文化及国家的地位。要实现这个梦想，就必须购买美国好莱坞的电影公司和资料库，这也是构筑索尼王国的一个重要基石。当然，当年的并购已经为今天的索尼公司开花结果打下良好基础，盛田昭夫的举动当然更是伟大责任心的表现。

研究发现，拥有高度责任心的员工在日常的行为和工作中，不仅能做好自己的本职工作，而且还会自觉地在工作中表现得更加敬业。因此，对任何一个员工而言，只他要拥有高度的责任心，他的能力就能够得到充分的发挥，其潜力也会得到相应的挖掘，他成为打工皇帝的道路也将畅通无阻。

2.责任心是成为打工皇帝的催化剂

在很多企业家论坛上，一些企业老板多次强调，他们往往留意的，是那些具有高度责任心的员工。从这些企业老板的话中可以看出，只有那些责任心较强的职场人士，才可能成为打工皇帝。正是因为职场人士较强的责任心感动了老板，才使他们实现了跨越式的升迁，从而为成为打工皇帝铺平了道路。

研究发现，一个人能否成为打工皇帝，与其责任心的强弱有着紧密的关系。即使一个员工的工作技能不是很娴熟，但较强的责任心往往会激励他不断地学习，不断满足工作的需要和对他本人素质的要求。

当责任心变成一个员工的自觉行动时，他就会从中学到很多业务知识，同时积累起更多经验，迅速提高自己的业务能力，这是他一步步成为打工皇帝的基础。

对于任何一个老板而言，员工的责任心都看在老板的眼中。在很多企业中，工作能力一般但十分敬业的员工，要比能力强但不敬业的员工在绩效考核中获得的满意度高出很多。究其原因，就是因为前者的责任心较强，在做任何工作时都认真对待。因此，职场人士要想成为打工皇帝，就必须先得到老板的提拔和重用，而如何才能得到老板的提拔和重用呢？答案就是责任心。没责任心不可能做好工作，没业绩当然不可能得到重用，更不必妄想成为打工皇帝了。

1923年的冬天，12岁的罗纳德·威尔逊·里根正与他的小伙伴在一块空地上踢足球。里根由于用力过猛，不小心将足球踢到了邻近一户人家的窗户上，一块玻璃被击碎了。

这户人家的老人火冒三丈地从屋里跑出来，大声责问是谁把他家的玻璃打碎的。面对勃然大怒的老人，其他伙伴们都纷纷逃跑了，只有里根走到老人跟前，低着头说：“是我不小心踢的。”但固执的老人不听他的道歉，坚持要里根赔偿。

里根回到家，如实地将此事告诉了父亲。里根的父亲冷冰冰地说道：“家里虽然有钱，但这是你闯的祸，所以你应该对自己的过失负责。”

里根的父亲掏出了15美元，严肃地对里根说：“我借给你15美元，赶快去赔了人家，但是以后你必须要还给我！”

里根接过15美元，赔给了那位怒气未消的老人。

此后的几个星期，里根一边用工读书，一边用空闲时间打工挣钱，以归还父亲借给他的15美元。由于里根才12岁，不能干重活，里根就到餐馆洗盘子，有时还给其他人修剪草坪。经过几个月的努力，里根终于挣到了15美元，他自豪地交给了父亲。

父亲看到他这么努力赚钱，欣然地拍着他的肩膀说：“一个能为自己的过失行为负责的人，将来一定会有出息！。”

许多年以后，里根成为美国第40任总统

后来，里根在回忆往事时，深有感触地说：“那一次闯祸，使我懂得了做人的责任。”

有人说，罗纳德·威尔逊·里根成为美国总统是一个必然，也有人说他当总统仅凭运气。那么到底是运气，还是必然呢？我的观点是必然，从里根在回忆往事时说的那句话——“那一次闯祸，使我懂得了做人的责任”可看出，里根懂得做人的责任，正是这个责任，才为他成为美国总统打下坚实的基础。

现实中，有的人克服不了短视行为，究其根源就在于缺乏责任心。只有把责任放到重要的位置，才能用心去完成工作。在现实的企业经营中，较强的责任心可以保证职业经理人完成公司制订的目标。事实证明，具备较强责任心的职业经理人，往往会像老板一样关注公司的生存和发展。有的职业经理人时刻保持危机感，在公司遇到危机事件时丝毫不敢懈怠，从不马虎，而是有条不紊地积极应对突发的危机事件。

张莉莉是深圳一家房地产公司的打字员，长得不好看，学历也不高。

张莉莉的打字室与老板的办公室之间只隔着一块大玻璃，老板的任何一个举止她都看得清清楚楚，但她很少向老板那边多看一眼。

张莉莉每天都有打不完的材料，但她并不烦，她知道工作认真刻苦是她唯一可以和别人一争短长的资本。她处处为公司打算，就连打印纸也不舍得浪费一张，如果不是要紧的文件，她会把一张打印纸两面用。

一年后，公司资金运作困难，员工工资开始告急，人们纷纷跳槽，最后总经理办公室的工作人员就剩下她一个人了。

人少了，张莉莉的工作量也陡然加重，除了打字，还要做些接听电话、为老板整理文件的杂活儿。

公司效益不好，老板的心情也不好，张莉莉听到老板每天长嘘短叹。

一天，张莉莉走进老板的办公室，直接问道："您认为自己的公司要垮了吗？"

老板很惊讶，说："没有啊！为什么这么问呢？"

"既然这样，您就不该颓唐。现在形势的确不好，但也不是我们一家公司面临的问题。虽然您把1.6亿元投在了工程上，一时资金紧张，但公司并没因此失了希望，我们不是还有一个公寓的项目吗？只要大家好好做，这个项目一定能让公司重新振作起来！"

说完，张莉莉拿出那个项目的策划文案。

隔了几天，张莉莉被派去搞那个项目。

两个月后，这片公寓全部先期售出，张莉莉为公司拿到3亿元的销售款，公司从此有了起色。

以后的四年，张莉莉作为公司的副总经理，帮着老板做了好几个大项目。

又过了四年，公司改成股份制，老板当了董事长，张莉莉则成了第一任总经理。

本案例中，张莉莉如果跟其他人一样缺乏责任心，说不定现在还在哪家公司面试。为什么张莉莉能够抓住机会，赢得总经理这一宝座？答案就是责任心。虽说公司处于困境，张莉莉也没有十足的把握把公寓项目搞活，但她能够在关键时刻保持忠诚和责任心，并最终力挽狂澜做出一番业绩，成为一个打工皇帝。

张莉莉的成功警示职场人士：一个员工拥有的责任心程度，往往决定着他对工作的态度，决定着其是否升迁。

3.责任心叫你自动自发

可以这样说，责任心不仅是一种非常重要的职业素质，更是一种担当，是一个优秀打工皇帝所必需的。对此，业内专家撰文指出，责任心属于道德的核心范畴，也是一个合格员工职业道德的核心。

对于任何一个员工而言，责任心都是必不可少的基本职业素养，无论其职位高低、能力大小，都必须做好本职的工作。这就要求员工对自己的本职工作认认真真。

研究发现，在一些企业中，老板会把责任心作为衡量一个员工道德的重要标准。道德责任在社会责任体系中处于基础性地位，员工的责任心是其道德责任的底线反映。所以，员工在自己的岗位上恪守职责，是每一个员工必备的职业道德。几十年前，美国五星上将道格拉斯·麦克阿瑟在西点军校作过一篇著名的告别演讲，演讲的主题就是“责任·荣誉·国家”。

麦克阿瑟说：“这三个神圣的名词庄严地提醒你应该成为怎样的人，可能成为怎样的人，一定要成为怎样的人。”并说：“这几个名词包含着最高的道德准则，并将经受任何为提高人类道德水准而传播的伦理或哲学的检验。它所提倡的是正确的事物，它所制止的是谬误的东西。”麦克阿瑟上将认为，责任有三层含义（见表3-2）：

表3-2　责任的三层含义

（1）	责任是对使命的忠诚和信守。
（2）	责任是自动自发、忠实地干好本职工作。
（3）	责任心属于道德的范畴，是职业道德的核心。

从表3-2可以看出，即使工作技能极其出众，由于缺乏责任心或者责任心不强，这样的员工往往不会尽心尽责地做好自己的本职工作了，而往往是人浮于事，更别谈能够出色地完成自己的本职工作。因此，这样的员工必将在竞争激烈的就业形势下惨遭淘汰。反之，责任心较强的员工，不仅能在工作中充分发挥自身的才能，而且由于具有较强的责任心，更能出色地完成自己的本职工作，得到老板的赏识和信任。

在伊拉克巴格达市邮政局，有一个叫法伊克·马哈茂德的普通邮差。然而，就是这样一位普通的邮递员，却被巴格达的老百姓尊称为“勇士”。

在中国被报道得最多的是那些边陲的邮递员，他们冒着生命的危险，给老百姓送信。

被巴格达的老百姓尊称为“勇士”的邮递员法伊克·马哈茂德，也具有勇敢品质。

战争期间的巴格达，枪声不断、战火纷飞，在这样的环境下送信，其危险程度可想而知。尽管环境恶劣，但是责任心却驱使法伊克·马哈茂德勇敢地帮人们把他们的祝福和嘱托带到他们的亲人那里。当然，完成这样一个交接，必须与绑匪斗智斗勇，与武装人员周旋。

“烽火连三月，家书抵万金”，尽管法伊克·马哈茂德没有读过这句唐诗，但他却明白其中的含义。因为在战争期间的巴格达，反对势力对任何为政府工作的人都要打击，连像法伊克·马哈茂德这样的邮差都不放过。法伊克·马哈茂德的同事就在送信的途中不幸遇难。然而，法伊克·马哈茂德并没有被这一切危险吓倒，他仍一心一意地坚持做着邮差工作……

由于执著和勇敢，马哈茂德被称为“勇士”，受到巴格达人民的爱戴。

正是责任心让法伊克·马哈茂德尽职尽责地做好邮差这份工作，不管工作环境变得多么恶劣，也不管政府如何更替，更不管上司如何变换，他始终如一地为人们送好信。法伊克·马哈茂德诠释了责任心的真正含义。

法伊克·马哈茂德说：“我最大的幸福，就是看到收信人在看信时露出的笑容。”

法伊克·马哈茂德给我们的启示是：责任心不仅是一名合格员工工作的原则，更是打工皇帝的一个必备素质。一般责任心较强的人，突出的优点是绝不以个人利益为中心，往往把他人的、企业的、国家的利益放到重要的位置。

如果员工缺乏责任心，或者责任心不强，不仅妨碍提升企业业绩，而且还可能让企业付出惨重的代价，可见责任心的重要性。

位于湖北省武汉市的鄱阳街，有一座普通的6层楼房。

1997年，该楼突然收到了来自英国的一份函件，主要内容是提醒此楼业主：该楼当初的设计寿命是80年，照此计算，该楼已超过当初的设计年限，敬请此楼业主注意。

原来，这座6层楼房始建于1917年，设计者正是这家英国的建筑设计事务所。

经历了80年之后，设计单位仍然对自己设计过的产品如此负责，真是令人敬佩。当时设计这栋楼的人只怕早已作古，当年建造这栋楼的建筑工人、工程师估计也已经离世，但这家设计所却没有忘记，其责任心一直在延续。

虽然我们不清楚这个设计所这么多年一共有多少个职员，但是我们却知道，他们把责任一代代传了下来。

正是因为将责任传承给后来的设计者，这栋小楼才收到这样一封来自异国的函件——提示小楼超过了设计年限。

时光已过80年，而责任心一直在不老地延续着，这真是一个伟大的传奇。这个案例应引起我们所有职场人士的思考。

四、像老板一样思考

对于任何一个员工来说，无论从事何种工作、身处何种职位，你必须知道，老板始终是你最大的优质大客户，只有用心经营才能感动老板。只有感动了老板，你才有机会获得老板给你施展才华的舞台，才有机会获得发展和晋升，才有机会成为打工皇帝。那么，如何才能感动老板呢？其实，感动老板的方法很简单，也很老套，那就是，站在老板的立场上，以老板的心态思考问题，把自己当做公司的主人。这是一种有效提高员工个人责任心、工作执行到位能力最快捷的方法，也是感动老板最为有效的方法。当公司遇到困难时，像老板一样思考，主动与老板同坐一条船，这样的员工无论从事何种工作、身处何种职位都会感动老板。

1.想老板之所想

在《家族企业长盛不衰的秘诀》培训课上，一个学员很困惑地问我："周老师，您刚才说，老板心态能感动老板，那么什么是老板心态呢？只有老板才有老板心态，作为员工，如何才能体现老板心态呢？"

很多时候，有很多人跟这位学员一样，以为老板心态只有老板才有，其实并不是这样的。

在这里，我必须说明一下，我们常说的老板心态，绝不是只有那些企业老板才有的一种心态。那么什么是老板心态呢？就是一个组织成员在工作中所表现出来的使命感、责任心、事业心，是一种主人翁意识，进而自觉、主动、负责任地工作的精神。

一般来说，老板心态的内容包含以下十一种（见表3-3）：

表3-3　老板心态包含的十一种心态

(1)	归零的心态
(2)	积极的心态
(3)	团队的心态
(4)	双赢的心态
(5)	包容的心态

续表

（6）	学习的心态
（7）	奉献的心态
（8）	服从的心态
（9）	竞争的心态
（10）	专注的心态
（11）	感恩的心态

从表3-3可以看出，老板心态具体表现为对所从事企业的效率、效果、质量、成本、品牌等方面持续的关注，随时随地尽职尽责地完成本职工作的工作态度。在21世纪的今天，就业形势日趋严峻，只有拥有老板心态的员工，才有可能成为笑到最后的人。

如果你是一个公司老板，你也期待员工不仅忠诚、责任心较强，而且还能爱岗敬业，时时刻刻都像老板一样思考。作为一名员工，要是时时刻刻站在老板的角度考虑问题，那么就很容易得到老板信任，自己也能做出更大业绩。

员工拥有老板的心态，就会主动地把自己的利益和企业的利益结合起来，像老板那样处处为公司节约成本，积极为公司开拓市场，积极为公司研发适销对路的产品，这样才能赢得老板的赏识，进而逐步实现打工皇帝的职业目标。可以断言，没有老板心态的人，肯定成不了打工皇帝。

研究发现，在中国4000万家企业中，员工往往存在如下两种心态（见表3-4）：

表3-4 中国企业员工存在的两种心态

（1）打工心态	打工心态主要表现为：员工把自己定位为是在为老板工作，自己只不过是一名打工者。工作时，总是抱着僵化、过时的心态。他们往往把工作当做一件苦差事，只不过为了生活而不得不工作。他们的工作积极性较差、敬业度不高、责任心不强。
（2）老板心态	老板心态的员工认为：他是在为自己工作，把自己的工作当成事业来做。比如，一名普通的员工，售货员、文员，甚至擦玻璃的清洁工，由于他们具有了老板心态，一段时间后他们有可能奋斗成为老板。最典型的是李开复，他在很多场合下都公开表示，他在为自己打工。今天的李开复已经成为创新工场的老板

从表3-4可以看出，打工心态多数都是认为自己是在为老板工作，是雇佣关系；而老板心态则认为自己是在为自己工作，是合伙人关系。他们坚信，只要具备老板心态，终究有一天自己也会成为老板。

这就是打工心态和老板心态的主要区别。所以，要想成为优秀员工，就必须具备老板心态。

从表3-4可以看出，没有老板心态的人肯定成不了打工皇帝，就像前面讲过的每桶4美元的案例。阿基勃特在收据、书信等地方都会写上“每桶四美元的标准石油”这几个字。在标准石油公司，这件事情其他同事也能做到，但只有阿基勃特做到了，而且还赢得了客户的认可。虽然这样的事情也不在阿基勃特的本职工作范围之内，但他认为，只要有利于标准石油公司，他愿意做这样的事情，而且希望做到最好。嘲笑阿基勃特的那些比他有能力、有才华的同事为什么都没有坐到董事长这个宝座，独有阿基勃特最后坐到这个宝座了呢？一切皆因阿基勃特具备老板的心态，能够把标准石油公司当成自己的事业。尽管这事是同事、上司，及其合作者，甚至是竞争者认为最不起眼的小事，但是对于阿基勃特来说，小事也必须坚持和做到最好——所以他成功了。

这样的小事情在我们职场人士身边比比皆是，但是一般人都对此不屑一顾，嫌事小而不愿意做，只想着做一些能显山露水、有成就感的大事，给自己的升迁增加更重的砝码。

这样的想法或许没错，但问题是，这样的机会即使出现了，到底有多少人能把握住呢？如果人人都这么想，身边的小事反倒没有人做了，那么谁还推动企业的发展呢？

阿基勃特之所以能当上标准石油的董事长，是因为老板约翰·戴维森·洛克菲勒喜欢脚踏实地、实实在在做好小事的员工。这些员工不仅能更好地为企业服务，而且能为企业发展做出卓越的贡献。

在这方面，阿基勃特给了我们很好的启示：有老板心态的人不一定都会成为打工皇帝，但没有老板心态的人肯定成不了打工皇帝。

杨晓娥非常心细，她了解老板简玉洁爱喝产于贵州省的锌硒茶，于是在会议前泡好了锌硒茶，把锌硒茶端进了会议室，摆到了桌上。

杨晓娥见三位同事正在看手里的文件，便抬起手看了下表，心想：“老板怎么还不到？再过十分钟客户就到了，他们三个人怎么敢替老板做主？难道是老板简玉洁对他们三个有了交待？”想到这，杨晓娥悄悄地退出了会议室。

杨晓娥在计算机前打印着合同表，负责谈这笔生意的一位同事李啸天走到了杨晓娥的跟前，问道："老板到了吗？"

杨晓娥摇着头说："没到。好像不对劲，按照以往的规律，老板提前一个小时就到了。会不会出事？"

李啸天有点着急地说道："不会是昨晚熬夜太辛苦了，今早起不来了？"

杨晓娥也同他开玩笑地说道："是不是老板故意锻炼你？给你一次机会，日后就升你做总经理了？"

李啸天道："别想得那么远，昨晚她并没有说不来。你要不要打个电话问问，会不会出什么事？"

杨晓娥拿起话筒又放下，说道："别打了，再等等。如果老板真的不来，你就代替老板谈吧。"

李啸天问道："对方把价格压得太低，谁拍板？"

杨晓娥道："那还不容易，就说老板临时家里有了急事，这么低的价格必须征求老板的同意。如果价格合理，你就签了这份合同，回头等着老板给你嘉奖吧！"

两个人正谈着，门开了，简玉洁进来了。

后来，这笔单子谈下来了。三个月后，杨晓娥被提拔为行政总监。

从上述案例中不难理解，一个准备成为打工皇帝的员工，在工作中总是站在老板的角度思考问题，以老板心态来严格要求自己，积极解决工作中遇到的诸多问题。久而久之，具有老板心态的员工就具备了自己当老板的素质和能力。

事实证明，很多在职场打拼的人，后来都成了影响力较高的老板。他们在一些企业家论坛表示，他们之所以能站在这里，是因为他们在成为老板前，能够以老板心态严格要求自己，爱岗敬业，兢兢业业地工作。

只有站在老板的角度思考问题，才能在解决问题时考虑得更加深入和全面；只有站在老板的角度思考问题，才能使合作者，特别是客户感受到你提供的服务是同行业中最好的；只有站在老板的角度思考问题，才能做好一些自己职权范围内的工作。

就像前面案例中的美国钢铁大王安德鲁·卡内基，他就做了一件让老板满意的工作，正是他站在老板的角度上考虑问题，后来才成为美国的钢铁大王。美国通用电气前CEO杰克·韦尔奇，以优胜劣汰的原则把通用电气打造成著名的人才工厂，他曾经说："在一个卓越的企业里，有20%的员工是卓越的，有70%的员工是合格的，还有10%的员工是一定要被淘汰的。"

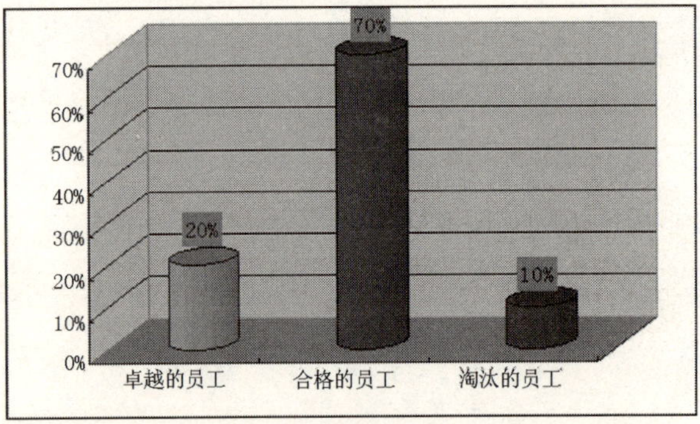

图3-1　C类员工淘汰法

杰克·韦尔奇这样解释："如果这10%的人不拿掉，对那20%的卓越人员和70%的合格人员是不公平的。"

杰克·韦尔奇说的这10%的人就是那些抱着过时、僵化打工思维的人，他们在工作中，不仅缺乏忠诚，而且缺乏责任心，总是以"混口饭吃"的思维在工作。如果将企业中10%的过时、僵化打工思维的人辞退，不仅有利于企业的生存和发展，而且也是对具有老板心态员工的积极肯定。只有辞退或培训改造那些过时、僵化打工思维的员工，才可能让他们摒弃过时、僵化的打工心态，让他们也拥有老板心态。下面我们来看看老板与打工者的心态对比（见表3-5）：

表3-5　老板心态与打工心态

序列号	比较点	老板心态	打工心态
（1）	眼光	关注企业的战略与长远发展	保住眼前的工资和饭碗
（2）	责任	承担责任，信守承诺	漫不经心，得过且过
（3）	效率	日事日毕，决不拖延	懒惰拖拉，消极应付
（4）	成本	精打细算，多快好省	大手大脚，花公司的钱不心疼
（5）	质量	精益求精，产品等于人品	差不多就行了
（6）	失败	吸取教训，总结经验	寻找借口，竭力为自己辩护
（7）	团队	群策群力，分享共赢	单枪匹马，个人英雄
（8）	结果	以结果论英雄	没有功劳也有苦劳
（9）	事业	把企业当成自己的事业	把企业当成别人的事业

2.不要把自己当雇员

对于任何一个员工来说，拥有老板心态，兢兢业业地工作，是赢得老板认可的前提。

要想成为打工皇帝，你必须站在老板的角度上，时刻像老板那样，以主人翁的心态去认真地将工作执行到位，把公司当做实现自我价值，特别是成为打工皇帝的一个平台。在这样的心态下，你要付出比别人更多的工作热情，这样，你才能积累成为打工皇帝所需要的工作经验。

毕业于北京某大学的俞大志，凭借帅气的外表、优雅的谈吐以及良好的沟通能力，非常顺利地进入北京中关村一家高科技公司。

上班一周后，俞大志发现，同一个办公室的绝大多数同事，在工作中都是敷衍了事。但是当公司老板出现在办公室时，同事们的工作态度都变得十分好，一个个辛勤敬业，好像总有忙不完的工作。

这让初入职场的俞大志有点丈二和尚摸不着头脑。更让俞大志生气的是，一些老同事经常当着老板的面，大声训斥一些初到公司的新同事："认真点，多想想，就知道偷懒。"尽管这些老同事有着优秀的业务素质，但他们这种倚老卖老、表现自我的做法十分可恶。俞大志认为，这些人表面敬业忠诚，实际是公司的害虫，迟早会被淘汰。

果然，三个月后，由于金融危机的影响，老板以金融危机为借口，辞退了大批自以为是并不真正敬业的老员工。而俞大志却因为工作认真负责，得到老板赏识信任，被提拔为部门经理，坚实地迈出了他职场的第一步。

读者可能会问，刚毕业的俞大志没有一流的专业技能，却能得到老板的重用，他们是不是有亲戚关系？

其实，他们没有亲戚关系。2011年10月，该公司老板邀请我去给他们做内训。我问公司老板说："职场菜鸟俞大志才工作三个月就被提拔为部门经理，究竟为什么呢？"该公司老板回答："俞大志虽然没有一流专业技能，但是工作兢兢业业，所以我提拔他。"

职场菜鸟俞大志的升迁警示职场人士：对自己的本职工作负

责就是对自己的职场人生负责，只要不把自己当做实实在在的打工者，站在老板的角度上思考问题，肯定会赢得老板的认可。

俞大志对此当然最有发言权，他说："像无数年轻人一样，我在北京上大学时，就已经做过很多份工作了——在国展卖过工具书、在大学校园里卖过信封信纸、在马家堡卖过饮水机、在红庙做过市场调查、在国家图书馆卖过英汉词典、在中关村做过书店收银员等等。这些工作门槛低，我曾认为它们都是低贱而廉价的，但后来我发现自己的想法完全错了。这些工作潜移默化地给予我从一个可贵的业经验，那就是无论在什么样的工作环境中，也不管是多么平凡的工作，我学会了以老板心态来对待工作。如今，尽管我已经成为公司的一名部门经理，但是我依旧像原来那样，以老板心态来对待工作——不仅让自己赢得老板的认可，同时也会为成为打工皇帝开一个好头。"

从俞大志的话中不难看出，像老板那样去对待工作，就有机会感动老板，使自己成为老板工作上的左右手，自然获得信任提升的机会大大增加。

遗憾的是，至今还有很多员工，他们每天机械地上午9点打卡上班，下午5点打卡下班，在公司里，只知道将8个小时的工作时间打发过去。

可想而知，这样的员工是不可能成为打工皇帝的，甚至在如今竞争激烈的职场中，有可能最终被淘汰。如果算一算自己每天花在工作上的时间，很快你就发现实在并不多。

很多员工把自己当做一个打工者，认为任职时间的长短与薪酬成正比。其实，这样的观点是不正确的。北京华夏圣文管理咨询公司对1657家公司做过一个调查，结果显示，有的员工把自己在公司任职时间的长短和其在公司所做贡献的多寡联系在一起。在这些员工的意识中，在所在公司的工作时间越长，老板就应该给予他们更多的薪水，或是老板就应该给予他们更好的特权。这些员工还认为，由于他们“贡献额外的时间给公司”，老板就应该给予他们额外的奖励。

站在打工者的角度，这样的想法无可厚非，但是如果时刻都在想着因为自己把“额外的时间贡献给公司”，就要求老板给予额外的奖励，这样只会让老板反感，反而得不到提升的机会。为什么呢？因为老板最怕向自己要钱的员工。

在H公司，连续八年被评为超级明星员工的拉夫肖恩，总是兢兢业业地完成公司分派的各项工作。

无论工作任务多么艰巨，拉夫肖恩从来就没有退缩过。在完成每一项工作任务时，他不仅总是激情四射，而且把工作任务执行得非常到位，甚至做到了精益求精的地步。

拉夫肖恩就像一个上足了发条的时钟一样，永不知疲倦地工作。加班成了拉夫肖恩的家常便饭。让同事们不解的是，拉夫肖恩还经常主动申请做那些同事们都不愿意做的棘手工作。

当H公司出现经营危机时，同事们都急着跳槽，而拉夫肖恩却像公司总裁一样在想办法解决公司出现的经营问题。他的做法得到H公司的认可。2008年，尽管H公司仍然笼罩在金融危机的阴影中，但是已经走出低谷。在春季的员工大会上，H公司总裁对拉夫肖恩的工作态度大加表扬：“在金融危机的严峻时刻，我们H公司能够杀出重围，全凭像拉夫肖恩一样的超级明星员工。在这里，我要告诉各位同仁的是，2008年，H公司的超级明星员工仍然是拉夫肖恩先生，他已经连续八年获得了此项殊荣，H公司为有这样的员工而倍感荣幸。H公司的生存和发展必须依靠像拉夫肖恩一样忠诚优秀的广大员工的共同努力。在此，我感谢拉夫肖恩，感谢像他一样为推动公司成长付出切实努力的员工。”

如今的拉夫肖恩，已经是 H公司的执行副总裁之一。你也许不知道，拉夫肖恩加盟H公司时，只不过是一个一线的销售助理而已。

有媒体采访拉夫肖恩：“拉夫肖恩先生，从销售助理到执行副总裁，是什么样的职场法则让您步步高升？”

拉夫肖恩的回答非常简单：“从不把自己当雇员。”他解释说：“在我的意识中，我始终把自己的事业和H公司的事业联系起来，从某种程度上说，我是H公司的一名合伙人。经营好H公司是我的责任，也是我的使命。当H公司得到发展之后，又为我个人的进步创造了最优越的条件。”

拉夫肖恩说得多好。“从不把自己当雇员，工作让我感到快乐。”正是这样的老板心态，使得拉夫肖恩成为一名出色的打工皇帝。

拉夫肖恩的话警示每一个职场人士：从来都把自己当打工者的员工，是不可能成为标杆式的打工皇帝的，就算一时侥幸得到一些好处，但最终也难得到最大好处。因此，只有以老板心态对待工作，才能赢得老板的认可，才能使自己获得更多实现自我的机会。

这其实是一个双赢，如果你以老板的心态对待工作，受益的不仅仅是老板，更重要的是为你奠定成为打工皇帝的职业基础。所以，以老板的心态对待工作，这样不仅有利于自己的职业规划，而且也能最大限度地促进公司的发展。

2011年8月，我去西部一家企业做主题为“工作就是责任”的一堂内训课。当老板带我参观了整个企业后，我发现西部企业的员工和沿海企业的员工有着明显的差别。

在深圳中国总裁培训网做培训的时候，只要我说：“针对这个问题，请同学们发表一下自己的看法……”还没有说完，就有学员立刻站起来介绍自己的看法，而且有的学员分析得非常到位。

而西部企业的员工，就算是三番五次提问，只要不点名，他们都不主动发表自己的看法，估计与他们行事低调有关系。

由此可见两地员工参与程度的差别：沿海企业员工积极主动，而西部企业员工通常都消极被动。

这样的现象在很多地方都存在，一些家族企业中，这样的问题也经常出现。我在昆山给一个家族企业做内训时，台下是他们家族企业的中层经理人员，但是与他们沟通却非常困难，这些中层经理不愿意发表自己的看法。

由此可见，转变观念是员工做好本职工作的重要前提。试想，如果他们站在老板的角度思考问题，积极参与公司经营过程中的每一个决策，这样的话，就不会有消极被动的行为。员工积极，就不再单单是一个执行者、实施者，有可能转变成公司的决策者。

遗憾的是，无数员工都在想方设法地进入所谓“前程远大”

的大企业，然后被动工作，似乎只等着老板给自己升迁的机会。但是，在就业形势急剧恶化的今天，可以肯定的是，没有任何一家公司可以让员工在“大树底下乘凉”了。那些抱着“靠企业养员工生、老、病、死”思维的员工已经落伍了。

要想改善自己的职场现状，员工不能把自己当做打工者，而是要树立“不靠天，不靠地，唯有靠自己”的观念，才能从根本上改变落后的旧思维，从而让自己工作得更积极主动，进而改善职场状态。

其实，在任何一家公司，员工们都在做两种工作，但是多数员工只知道其中的一种——完成公司分派给自己的工作任务；而另外一种工作，则是站在老板的角度思考问题，以老板的心态，参与解决整个公司的运营问题。当你解决了整个公司的运营问题时，你就已经是这个公司的“打工皇帝”了。

3.把公司当做自己事业的舞台

毋庸置疑，要想实现自己打工皇帝的职业梦想，就必须把公司当做自己实现这个职业梦想的舞台。如果你能做到，而且能坚持这样做，你就已经是一名合格的准打工皇帝了。因为你已经把自己的利益和公司的利益紧紧地捆绑在一起了，你为实现这个目标而努力。

对于任何一个员工而言，其所在的公司就像茫茫大海上扬帆远航的一艘船，正是这艘船载着许多员工乘风破浪，万里远行，实现每个人的梦想，特别是打工皇帝的梦想。

然而，遗憾的是，许多员工却不知道感谢老板给予他们这艘实现自己梦想的大船，甚至还对公司抱怨自己的诸多不满和成见，这究竟是为什么呢?

《华尔街日报》记者带着这个疑问，采访数百个员工后得知，这主要是一些公司没有兑现给员工的承诺。久而久之，一些员工就开始不再相信公司对他们的各种承诺，而且还非常反感公司的承诺，于是就不再敬业地工作了，工作时，往往应付了事。

这些人不知道，公司是一个实现自我价值的舞台，没有这个舞台，再好的演员也不能被观众所熟知。要想成为打工皇帝，就必须得有舞台，因为这个舞台可以帮助你从一个普通员工上升为领导者。很多知名的企业领导，特别是许多世界500强的企业领导，比如杰克·韦尔奇、卡洛斯·戈恩等，当《华尔街日报》记者采访这些企业领导，问他们是什么力量促使他们成为世界500强企业的掌门人时，他们的答案都很一致，那就是：公司给了他们一个平台，一个让他们施展才华的地方。

赫赫有名的伯利恒钢铁公司（Bethlehem Steel Corp），至今仍然是美国的第二大钢铁公司，其前身是Saucona钢铁公司，1857年在伯利恒南部成立，1861年更名为伯利恒钢铁公司。该公司的主要奠基人就是本故事的主角——查尔斯·施瓦布。

谁也不会想到这个企业帝国的主要奠基人查尔斯·施瓦布出生在美国乡村，只接受过很短时间的学校教育，但这并不影响上班后的查尔斯·施瓦布辛勤工作。在工作中，他总是十分认真负责，像老板一样思考问题。这些工作作风及品质为他创建伯利恒钢铁公司打下坚实的基础。

由于家中一贫如洗，为了给家里减轻负担，15岁的查尔斯·施瓦布就到一个山村做了马夫。当然，查尔斯·施瓦布绝不甘心一辈子做马夫，为此，他时刻都在寻找发展的机会。

精诚所至，金石为开，机会终于来到了。就在查尔斯·施瓦布18岁那年，他来到钢铁大王安德鲁·卡内基所属的一个建筑工地，为安德鲁·卡内基打工。

虽然查尔斯·施瓦布只是一名进城打工者，但是，自从进入建筑工地那一天起，他就下定决心，要做同事中最优秀的人。当其他人在抱怨工作辛苦、薪水低的时候，查尔斯·施瓦布却在默默地工作，积累着工作经验，并积极主动地自学建筑知识。当夜幕来临的时候，工友们或在闲聊，或者在打牌，唯独查尔斯·施瓦布躲在角落里看书。就在那天晚上，公司经理恰好到工地检查工作看到查尔斯·施瓦布在看书，就走过来。经理看了看他手中的书，又翻了翻查尔斯·施瓦布的笔记本，什么也没说就走了。

第二天，公司经理把查尔斯·施瓦布叫到办公室，问："你学那些东西干什么？"

查尔斯·施瓦布说："我想我们公司并不缺少打工者，缺少的是既有工作经验，又有专业知识的技术人员或管理者，对吗？"

经理点了点头。不久，查尔斯·施瓦布就被升任为技师。

查尔斯·施瓦布升任技师后，遭到了工友们的讽刺和挖苦。但是查尔斯·施瓦布并不介意，他说："我不光是在为老板打工，更不单纯是为了赚钱，我是在为自己的梦想打工。我们只能在工作业绩中提升自己。我要使自己的工作所创造的价值，远远超过所得的薪水。我把自己当做公司的主人，只有这样才能获得发展的机遇。"

正是抱定了这样的信念，查尔斯·施瓦布工作努力，刻苦钻研，系统掌握了技术知识。就这样，查尔斯·施瓦布一步一步升到了总工程师的职位上。

很快，让工友们没有想到的是，25岁的查尔斯·施瓦布又被提升为该建筑公司的总经理。

当上总经理的施瓦布，每天总是最早来到建筑工地。卡内基钢铁公司的工程师兼合伙人琼斯，发现了施瓦布超人的工作热情和管理才能。琼斯问施瓦布为什么总来这么早，他回答说："只有这样，当有急事的时候，才不至于被耽搁。"

当查尔斯·施瓦布步步高升时，命运之神再次降临。

布拉得钢铁厂建好后，查尔斯·施瓦布就做了琼斯的副手，主管全厂事务。两年后，琼斯不幸在一次事故中丧生。于是，查尔斯·施瓦布便接任了布拉得钢铁厂厂长一职。

因为查尔斯·施瓦布的天才管理艺术及工作态度，布拉得钢铁厂成了卡内基钢铁公司的灵魂。因为有了布拉得钢铁厂，安德鲁·卡内基才敢说："什么时候我想占领市场，市场就是我的。因为我能造出又便宜又好的钢材。"

又过了几年，查尔斯·施瓦布被安德鲁·卡内基任命为卡内基钢铁公司的总经理，成为一名优秀的打工皇帝。。

后来，施瓦布自己建立了大型的伯利恒钢铁公司，并创下了非凡业绩，真正完成他从一个打工者到创业者的飞跃。

查尔斯·施瓦布成功了，从一个马夫到卡内基钢铁公司的总经理，再到美国第二大钢铁公司的老板。

查尔斯·施瓦布的案例警示每一个职场人士：要想实现自己的职业梦想，特别是想实现自己打工皇帝的职业目标，就必须把公司当做自己事业的舞台，拥有老板心态，做到像老板一样热爱公司。

然而，有些人却一辈子蜷缩着工作，一辈子以打工者自居，因为他们把为老板打工当做谋生的手段，更谈不上把公司当做自己事业的舞台，最终的结果是，他们永远都在找工作，就像很多老板的警示语一样——今天工作不努力，明天努力找工作。

因此，对于任何一位身处职场中的人来说，要取得事业成就，就必须培养起老板心态，把公司当做自己事业的舞台。

1993年诺贝尔文学奖获得者托尼·默里森曾经写过一篇名为《钟点工》的自传文章。可以说，正是托尼·默里森做钟点工的经历，影响了托尼的一生。这个故事对于职场人士或许有所启示。

托尼·默里森的父亲是船坞厂的一名焊接工人，是个勤奋而严谨的人。除了船坞厂，托尼·默里森的父亲还同时兼职三份工作。

托尼·默里森的父亲和母亲原来都是阿拉巴马州的佃农，为找到更好的工作，托尼·默里森的父亲带着全家迁到北方的罗伦镇。

由于家里拮据，为了赚取零用钱，12岁的托尼·默里森每天放学后，就去一个阔太太家做钟点工。然而，托尼·默里森的钟点工做得非常不顺利，因为他根本不知道怎么干这份钟点工。阔太太家的地板要用特殊的木油精清洗然后打蜡；不同材质的家具又各有一套清洁剂和上光剂，很多名字连托尼·默里森都没听说过；洗衣服的时候就更麻烦了，什么衣服不能熨，什么衣服不能绞干……这些都是普通工人家里没有的。

让托尼·默里森不能忍受的是，这份工作要求甚多但工钱很少。很多次，托尼·默里森都想辞了这份钟点工。不过，托尼·默里森非常清醒，知道辞去这份钟点工，罗伦镇就没有人再会雇用一个12岁的黑人小女孩。丢了这份钟点工，托尼·默里森就没有任何收入了。

坚持了一段时间，托尼·默里森还是向父亲抱怨起来：“这份钟点工太累，工资还非常少，最糟糕的是琼斯太太总在挑毛病。听说她家隔几天就换一个钟点工，因为没有人能干长久，我也快受不了了。”

托尼·默里森的父亲放下手里的活，平静地说：“你不住在琼斯家，你住在这儿。”

看托尼·默里森没听明白，父亲接着说：“你每天做工的时间只不过占你生活的一小部分。你是你自己。琼斯太太批评的是你‘擦地板’和‘洗衣服’的方式，而不是你本人。”

“如果你不想做下去，就去辞了吧，”托尼·默里森的父亲双手扶住她的肩膀，托尼·默里森甚至能感到父亲手掌上的老茧。父亲接着说：“但是，如果你想做下去，孩子，你就要好好干。决定工作做得好与坏的人是你，而不应该让好工作或者坏工作来左右你。记住，你把工作干得漂漂亮亮不是为了琼斯太太，而是为了你自己。”

这话绝不只是大道理，托尼·默里森的父亲自己就非常敬业。托尼·默里森依然清晰地记得，父亲下班后常常会自豪地告诉我们，他今天又焊了一条完美的接缝，还把自己名字的缩写刻在了接缝旁边。

有一次托尼·默里森问父亲：“谁会看到那几个字母，并且想到它们是您名字的缩写呢？船厂有那么多焊接工，谁知道那条接缝是您焊的呢？”

托尼·默里森的父亲回答：“没人会看到，可我知道那是我的产品。”

第二天，托尼·默里森又做起了钟点工。但是，在托尼·默里森眼里，琼斯太太不再是一个苛刻的雇主，而是一个能让自己把工作干得更好的指导老师。每次她找出什么毛病，托尼·默里森都愉快地接受，因为托尼·默里森明白：这些批评不是针对我本人的。

渐渐地，女主人对托尼·默里森的态度越来越好，托尼·默里森也学会了很多东西。别人都觉得不可思议，托尼·默里森竟然在琼斯家干了整整一年半，直到毕业后才离开。

正是有了小时候的这段经历，托尼·默里森培养起自己认真工作、做好工作的韧性，最终成为世界上第一位获诺贝尔文学奖的非裔美国女作家。

托尼·默里森的故事说明：要想实现自己的职业目标，就必须把工作当做事业来做。无论从事什么工作，无论在什么样的环境下工作，都要认真尽责地做好工作；以老板的心态工作，把公司当做自己事业的舞台，这样你才可能有所成就。

当你具备了老板心态，你就会像老板一样思考，你就会像老板一样行动，你就会主动考虑如何加快公司的发展速度，你就会考虑如何减少公司的费用，你会考虑如何让工作更有效率，这样，你才能真正得到老板的信任，获得更多的发展机会。

反之，如果你仍然以僵化的、过时的，认为自己永远是打工者，出力流汗拿工钱的打工者心态为老板工作，在工作中抱着得过且过、不负责任的态度，你的职场之路必然会越走越窄，直到被淘汰。

五、用100%的工作激情感动老板

对于任何一个员工而言，感动老板最简单的一个方法，就是用100%的工作激情做1%的事情。因为在实际的工作中，做任何事情，激情是第一位的。因为很多老板明白，员工的工作激情就如同企业的生命。工作激情不仅可以激发出员工最大限度的潜能，还可提高企业的竞争力；工作激情让员工乐意把枯燥、重复、乏味的工作当做生动而有趣的事情来完成，并让自己永远都充满工作活力。有工作激情的员工，往往会感染周围的同事，也更容易获得老板的提拔和重用，为自己赢得更多的发展机会。因此，要想感动老板，最好的办法就是用100%的激情做1%的事情。

1.把自己的激情传染给团队

很多刚毕业的大学生，初入职场，开始自己人生中的第一份工作，大多数都是激情万丈。可是，经过一段时间的工作之后，当初的激情往往会慢慢消耗殆尽，最终消失在城市的钢筋混凝土大厦中……

这样的故事在许多电视剧中都有表现，但现实生活远比电视中的更真实，也更残酷。

当然谁也不愿意变成这样，但现实的严酷性不能不正视，我们要与之作斗争。在《10步提升员工责任心》公开课中，我告诫过学员：要想赢得老板的认可，不仅需要有忠诚、责任心、老板心态，还必须有工作激情。

道理非常简单，企业竞争就是员工的竞争，要想让企业更有竞争力，首先就要让每一位员工都拥有工作激情和竞争力，因为每一份平凡工作都需要激情地工作。如果员工对自己的本职工作充满激情，那么他们就会想方设法地把自己的本职工作做到最好。只有这样，才能做出业绩。

拿破仑曾说过：“军队战斗力的3/4是由士气组成。”拿破仑所说的士气，其实就是激情。

号称世界上最大、物种最多的亚马逊热带雨林，位于南美洲的亚马逊盆地，占地700万平方公里。

亚马逊热带雨林的生物多样，这里聚集了250万种昆虫，上万种植物和大约两千种鸟类和哺乳动物，被科学家称为“世界动植物王国”。

正是这里的多样化，使之成为探险者的乐园。在亚马逊热带雨林的深处，就有一个探险队。这个探险队一共10人，另外还有当地的两名向导。

这10名探险队成员是：比曼、贝尔斯、迪沃尔、凯尔、科根、奎特、楚迪、泰普、达尼韦及队长马克格夫。

由于在过河时，两名当地向导被洪水卷走，这支队伍只剩下10名探险队员。尽管失去了向导，他们还是坚持前行。但密林的路很难走，他们的探险脚步也越来越沉重，力气也越来越小了。他们像囚犯一样在泥潭中挣扎着……

比曼觉得这次探险太辛苦了，于是想放弃，而马克格夫却让队员们坚持，他打气说：“嗨，兄弟们，这雨林多美啊，是一个难得的旅游机会，如果把这个旅游机会放弃了，你们会后悔的。”

这样的事情每天都要发生几次，但是都被队长马克格夫给化解了。

半个月之后，他们终于完成了这次探险。

回到纽约后，比曼在接受CNN采访时谈道："我要感谢队长，是他的激情感染了我们，我好几次都想放弃，然而，看到队长的激情万丈，我也就坚持了下来。"

比曼还介绍说："其实，亚马逊热带雨林是很可怕的，密林里到处是一堆堆探险者的白骨，如果没有队长的坚持，我们又失去了向导，不仅完不成探险，而且还可能葬身雨林。"

从上述故事可看出，队长马克格夫是一个能够把激情传递给现有成员的领导者，如果不是他把激情传递给他的团队，他的队员都可能死在密林中。

同样道理，企业管理者要有激情，才能带动团队的激情。企业管理者用这种激情传导、影响其团队的每一个成员，让团队的每一个成员都激情四射地做好每天的工作。这样，团队才会更有活力和竞争力。

所有企业和组织，都需要马克格夫这样的成员。如果你也具备马克格夫那样激情四射的工作精神，无论从事什么样的工作，无论在什么样的工作环境中，都会得到老板的重用。

美国微软公司的创始人比尔·盖茨说："每天早晨醒来，一想到我所从事的工作和所开发的技术将会给人类生活带来巨大的影响和变化，我就会无比兴奋和激动。"

比尔·盖茨的这句话，就是他工作激情的表现。在比尔·盖茨看来，成就微软这个企业帝国的最重要因素，就是对工作充满激情，尽管忠诚、能力、责任都很重要，但是在比尔·盖茨的心中，对工作充满激情是最重要的。

比尔·盖茨把对工作充满激情的理念植入微软文化，就像基石一样让微软王国在IT世界傲视群雄。

在许多企业中，员工们都踏踏实实、任劳任怨、按部就班地工作着，似乎这样的员工就是企业需要的。就像《西游记》中的那个沙和尚一样，只知道兢兢业业，从来不知道说“不”。其实，这种员工缺乏激情，而没有工作激情的员工不会创造性工作，只知道等老板下命令，这样的员工是不可能担当重任的。

当中国已经把创新型国家提到重要战略位置上时，创新已经成为中国经济发展的动力，仅仅知道“顺从”的员工肯定不能挑起这副“重担”，也不符合时代精神，最终会被淘汰。

2.激情让工作充满乐趣

研究发现，具有标杆式打工皇帝的CEO们，他们在工作中都激情四射，似乎从不知疲倦，激情也让他们在工作中享受到乐趣。

近年来，世界500强企业在选择CEO时，工作激情成为一个必备的硬素质要求。

通用电气公司人力资源总监乔在接受媒体采访说：“我宁愿要一个激情四射、热爱本职工作的员工，也不愿要五个只是机械重复工作的员工。”

乔的观点非常有代表性，在通用电气公司，CEO几乎都是从内部提拔，大家熟知的杰克·韦尔奇、杰夫·伊梅尔特等，都是内部提拔起来的。

杰夫·伊梅尔特担任通用电气CEO时，媒体采访杰克·韦尔奇时问：“杰夫·伊梅尔特是您想要的继任者吗？”

杰克·韦尔奇回答说：“是的，杰夫具有优秀员工的特质，他经常在工作中保持激情四射的状态。”

杰克·韦尔奇坦言，在许多公司中，绝大多数老板都不清楚员工的精神状态是如何影响工作的。其实，对于那些想要成为打工皇帝的员工而言，他们绝对不愿意跟一个整天提不起精神的同事打交道。没有哪一个老板愿意提拔一个精神萎靡不振、牢骚满腹的员工来做部门经理，也不可能将重要岗位给一个缺乏激情的员工。

对此，微软的招聘官员曾对媒体说：“从人力资源的角度讲，我们愿意招的‘微软人’，他首先应是一个非常有激情的人：对公司有激情、对技术有激情、对工作有激情。可能在一个具体的工作岗位上，你也会觉得奇怪，怎么会招这么一个人？他在这个行业涉猎不深，年纪也不大，但是他有激情，和他谈完之后，你会受到感染，愿意给他一个机会。”

在第二次世界大战期间，美国一艘驱逐舰正停泊在A国的港湾内。此刻，明月高照，一片宁静。

正在例行巡视全舰的中士汤姆·威廉姆斯突然停步，他看到一个乌黑的东西在驱逐舰不远的水上浮动着。汤姆·威廉姆斯惊骇地发现，那个乌黑的东西是一枚触发水雷，极有可能是从一处雷区漂过来的，随着退潮的潮水正慢慢靠近驱逐舰的舰身。

情况紧急，汤姆·威廉姆斯抓起舰内通讯电话机，通知了办公室的值日官。值日官闻讯跑步赶来，确认了是水雷后，又马上通知了舰长，并且发出全舰戒备讯号，全舰立时动员了起来。

当部分驱逐舰官兵赶到甲板，那枚慢慢漂近的水雷使他们愕然，灾难即将来临……

一级军士长罗德里格斯·文登认为，应该起锚离开。中尉鲁里埃尔·鲁比尼觉得这个方案不可行，因为起锚离开已经没有足够的时间。

上士卡尔·瑞贝卡认为，应该尽快发动引擎使舰身远离水雷。中尉鲁里埃尔·鲁比尼觉得这个方案同样不行，因为螺旋桨转动只会使水雷更快地漂向舰身。

火爆的上等兵詹姆斯·弗兰科认为，以炮弹引发水雷，从而减少驱逐舰的损害。中尉鲁里埃尔·鲁比尼觉得这个方案还是不可行，因为那枚水雷太接近舰里面的弹药库。

面对越来越靠近的水雷，该如何处置这个棘手的问题呢？三级军士长伯特·瓦格纳认为，只需要放下一只小艇，用一根长杆把水雷携走。中尉鲁里埃尔·鲁比尼觉得此方案依然不可行，因为那是一枚触发水雷，同时也没有时间去抓水下水雷的雷管。

悲剧似乎是没有办法避免了。

突然，列兵迈克尔·斯宾塞想出了比所有军官所能想出的更好的办法。他大喊着："把消防水龙头拿来。"甲板上的官兵立刻明白这个办法可行。他们向舰艇和水雷之间的海上喷水，制造一条水流，把水雷带向远方，然后再用舰炮引炸了水雷。

由于激情能让军人保持战斗的状态，使得这位水兵能够出色地解决这个非常棘手的水雷问题。这位水兵在危机状况下，冷静思考得出正确的应对策略，正是激情的体现。

作为一名军人，如果缺乏激情，稍有疏忽，其后果是难以想象的，可能倒下永远也爬不起来，甚至跌入万劫不复的深渊也说不定。只有保持激情四射的战斗状态，才有可能赢得战争的胜利。

同样，要想成为打工皇帝，就必须懂得先立足于职场。尽管面对各方面的压力——老板分派超额的工作任务，同事的诋毁，外部环境的影响，处处危机重重，但是只要有激情四射的工作状态，很多问题就可迎刃而解。

对于立志成为打工皇帝的人来说，激情不仅是一种饱满的精神状态，而且还是一种积极的工作态度，也是实现打工皇帝这个梦想的源动力人。只要有了工作激情，往往不会安于现状，不会甘于平庸，渴望获得更大的晋升机会。

从这个角度来看，激情是推动立志成为打工皇帝的人不断进步的源动力。相反，如果丧失了激情，人就非常容易满足，不思进取，难成大事。

3.激情是不断创新的动力

在通往打工皇帝的路上，必须保持足够的激情。只有足够的激情，才能面对挫折；只有足够的激情，才不轻言放弃；只有足够的激情，才不会敷衍了事地面对工作。

就此意义讲，激情可作为衡量组织中的任何一个成员工作态度和能否取得事业成就的尺子。事实证明，只有那些有激情的人，才能成为打工皇帝。就像通用电气公司前CEO杰克·韦尔奇，从1981年就任总裁到1998年，通用电气公司各项业务的主要指标一直保持着两位数的增长。在此期间，通用电气公司的年收益从250亿美元增长到1005亿美元，净利润从15亿美元上升为93亿美元。到1998年底，通用电气公司的市场价值超过了2800亿美元。这不能不说是韦尔奇本身及其所带领的团队激情工作的结果。

如果职场人士缺乏激情，只求安安稳稳，平凡地老去，那么，他的一生将是平庸的一生，毫无建树可言。

唐朝的韩愈曾在《送孟东野序》说："大凡物不得其平则鸣。草木之无声，风挠之鸣；水之无声，风荡之鸣。"指出人激情的重要性。

再看很多成就伟大事业的人，如孔子集三千门徒修订《春秋》、司马迁呕心沥血做《史记》等等，无一不是他们不甘平庸、激情工作的结果。

谈到日本索尼电器，消费者的第一印象就是质量好。然而，在20世纪70年代，索尼电器除了在日本本土有名以外，在国外并没有什么知名度。当时打进美国市场的第一种产品也是唯一的产品——索尼彩电，在美国市场的销售并不好。

20世纪70年代，在美国消费者看来，整个日本货的标签就是低价劣质产品。对于索尼彩电来说，开拓市场的任务极为艰巨。面对美国市场打不开的困局，被派往开发美国市场的负责人大都束手无策，这些人不但灰溜溜地回来了，还为自己的失败找出了一大堆借口，来为自己开脱。

面对美国市场这块庞大的蛋糕，索尼公司绝不放弃，于是任命性格坚韧的卯木肇为索尼海外部部长。

上任伊始，卯木肇便被委派到了芝加哥。

卯木肇非常清楚，自己来美国的主要任务是打开美国的市场。于是，他一到达芝加哥市，就开始了实地走访，到各个市场察看销售情况，卯木肇发现——在当地的寄卖商店里，索尼彩电蒙尘垢面，无人问津。

卯木肇想："为什么在日本国内十分畅销的优质产品，在美国会无人理睬呢？"

这个问题不解决，美国市场就不能打开。经过一番调查，卯木肇找到了问题的症结所在。原来，以前索尼公司派来的负责人在面对惨淡的市场时，靠低价来提升产品的销量，甚至多次在芝加哥媒体上发布减价销售索尼彩电的广告，这就使得芝加哥消费者把索尼彩电定位成一款低贱、糟糕的次品。这样的恶性循环加剧了索尼彩电在美国不佳的销售状况。

面对这种糟糕的现状，卯木肇经过数天的苦苦思索，终于找到了解决问题的方法。卯木肇决定在芝加哥找一家实力雄厚的电器零售商作为销售突破口，彻底打开索尼彩电的销售局面。

在芝加哥，最大的电器零售商是马歇尔公司。卯木肇制订了一系列策略。第一步，就是前去求见马歇尔公司的总经理。当卯木肇将自己的名片递到马歇尔公司总经理办公室时，名片很快就被退了回来，原因是总经理不在。

为了见到马歇尔公司的总经理，卯木肇特意选了一个估计总经理比较清闲的时间段去求见，这次得到的回答是：总经理外出了。

卯木肇决定再次登门拜访。功夫不负有心人，马歇尔公司总经理终于同意接见卯木肇，但拒绝售卖索尼的产品。理由是索尼的产品降价拍卖，形象太差。

卯木肇非常恭敬地倾听着总经理的意见，并一再地表示要立即着手改变产品的形象。

卯木肇回到芝加哥索尼办公室，马上吩咐所有工作人员从寄卖店里取回所有索尼产品，并且停止减价销售；同时，还在芝加哥的报纸上重新刊登了大面积的广告，以重塑索尼产品的新形象。

当卯木肇实施完第二步方案后，马歇尔公司总经理依然拒绝售卖索尼产品，理由是索尼的售后服务太差，无法销售。

为了解决售后服务问题，卯木肇当即决定在芝加哥成立索尼特约维修部，全面负责产品的售后服务工作，同时在报刊上重新刊登广告，附上特约维修部的电话和地址，承诺24小时为顾客服务。

当卯木肇做出了种种努力和承诺后，马歇尔公司的总经理终于同意试销两台，不过，条件是如果一周之内卖不出去，立刻搬走。

为了能够打破这个僵局，卯木肇亲自挑选了两名经验非常丰富的销售骨干，并要求他们破釜沉舟，如果一周之内两台彩电卖不出去，就不要再回公司了……

当卯木肇重塑索尼形象后，芝加哥的消费者开始改变对索尼产品的看法——两台试销的索尼彩电卖出去了。接着，马歇尔公司又追加了两台，也在当天卖出。很快，索尼彩电进入销售旺季，短短一个月就卖出了700多台。

索尼公司和马歇尔公司获得双赢。不到三年，索尼彩电占据了芝加哥市电器市场份额的30%。

在一个企业家论坛上，一位企业家说，他经常给员工讲这个故事，目的是要让企业的所有员工都明白：只有像卯木肇这样保持激情四射工作状态的员工，才能创造不凡的业绩，得到老板的重用。卯木肇遇到困难和处境糟糕时，依然对工作满怀激情，想方设法解决遇到的问题，从而提升了公司的业绩。像他这样的员工，是任何一个企业真正需要的人才，也是最被老板重用的人才。

六、只为成功找方法，不为失败找借口

实际工作中，每一个员工，都曾遇到过各种各样的问题。在面对问题时，存在两种态度：第一，积极地想办法解决问题；第二，寻找尽可能有利于自己的借口，把责任都推卸给同事、合作者，甚至是上司老板。这两种处理问题的态度不同，导致结果有天壤之别——前者有可能成为标杆式的打工皇帝，而后者往往沦落为求职碰壁的失败者。在公开课上，我经常对我的学员说："只为成功找方法，不为失败找借口。"

在工作中，没有我们做不到的事情，只有我们还没有想到的事情。因此，要想感动老板，成为一名出色的打工皇帝，就必须在面对问题时积极找方法，解决问题，这种工作态度十分重要。

1.找对方法，一切皆有可能

在一次企业家论坛上，一个企业家谈道："在我的企业中，我比较喜欢那些忠诚的、只为成功找方法的员工，我最喜欢提拔这类员工。"

从这个企业家的话中不难看出，那些得到提拔的员工往往都是重视找方法并主动找方法的人；而那些在工作中遇到问题总是找借口推卸责任的员工，往往被老板辞退。所以，作为一个职场人士，应有积极心态，不要再让问题或困难成为自己职业生涯的绊脚石，而要尽可能解决工作中遇到的问题，以争取被老板提拔。

所有被老板提拔的员工，与那些混日子的员工一样，都做着同样简单的小事，但区别在于，他们都是"只为成功找方法，不为失败找借口"的积极工作的员工。积极的工作态度成就了杰克·韦尔

奇这样的打工皇帝，而混日子的员工则在历史的年轮中化为尘埃。

张东、李凯恩、刘泽诗三个人一起供职于一家太阳红电子公司。

虽然太阳红电子公司的产品不错，销路也不错，但由于太阳红电子公司经营出了一些问题，产品销出去后，总是无法及时收回货款。

太阳红电子公司有一位大客户——林洋商贸公司，半年前就买了公司100万元的产品，但总是找各种理由迟迟不肯支付货款。

太阳红电子公司决定派张东去林洋商贸公司讨账。但林洋商贸公司的总经理林洋没有给张东好脸色。林洋说太阳红电子公司的那些产品在他们这个地方销得一般，让张东过一段时间再来。

张东知道林洋商贸公司不好惹，心想林洋商贸公司欠的又不是我张东的钱，跟我张东没什么关系，于是便返回了太阳红电子公司。

张东无功而返，太阳红电子公司只得派李凯恩去要账。

李凯恩找到林洋商贸公司，林洋商贸公司的总经理林洋的态度依然很无赖，林洋说他这段时间资金周转很困难，让李凯恩体谅他的难处，还找借口说等他的资金到位了一定还钱。李凯恩也无功而返。

太阳红电子公司只得派刘泽诗去讨账。

刘泽诗刚跟林洋商贸公司的总经理林洋见面，就被林洋指桑骂槐地教训了一顿，说太阳红电子公司三番两次派人来逼账，摆明了就是不相信他，这样的话，以后就没法合作了。

刘泽诗并没有被林洋的软捏硬逼吓退，他见招拆招，想尽了办法与林洋周旋。林洋自知磨不过刘泽诗，最后只得同意给钱，林洋开了一张100万元的支票给刘泽诗。

刘泽诗很开心地拿着支票到银行取钱，结果却被告知账上只有999920元。很明显，林洋又耍了个花招，给的是一张无法兑现的支票。

第二天就是春节放假的日子了，如果不及时拿到钱，不知又要拖延多久。遇到这种情况，一般人可能就一筹莫展了，但是刘泽诗依然没有退缩。他突然灵机一动，自己拿出100元钱，要求公司会计把100元钱存到林洋商贸公司的账户里去。

这样一来，林洋商贸公司账户里就有了100万元。刘泽诗立即将支票兑了现。

过了半年，张东、李凯恩在重重考核中被辞退了，辞退他们的就是刚被任命为太阳红电子公司销售总监的刘泽诗。

上述案例中的三名员工，为什么刘泽诗能够晋升，究其原因，就是刘泽诗积极的工作态度得到了老板的赏识。不管做什么事情，不管老板在不在身边，都必须为成功找方法，不为失败找借口，直到把工作做到最好。

其实，张东、李凯恩也可以把这份工作做到位，但由于他们缺乏“只为成功找方法，不为失败找借口”的精神，最终丧失了机会。

刘泽诗的案例告诫每一个想要成为打工皇帝的员工：在工作时，不要总想着老板在办公室时就努力工作，当老板离开时就怠慢工作、放心休息，一门心思只想把工作表现给老板看。也许一时间老板赏识你出众的“聪明才智”，但最终你在公司的各种投机取巧行为会引起老板反感，那么你的日子就不会好过了。任何时候，老板都会对你的工作情况了如指掌，即使他不在办公室。所以，不要自以为是、自作聪明，小心聪明反被聪明误。

在美国律师界，有一个培训新员工的案例。这个案例的主人公就是名扬各州的女律师詹妮芙·帕克。

詹妮芙·帕克出名的方法非常特别，源于她被一位名叫马格雷的资深律师愚弄过一次，而恰恰是因为这次愚弄让詹妮芙·帕克成为名扬全美国的女律师。

事情大概是这样的：

一辆卡车撞倒了一位名叫妮可的女士，又把妮可卷入卡车下，导致妮可被迫截去了四肢，骨盆也被碾碎。司机说："尽管当时我使劲踩刹车，可是刹车不管用。"

当警察调查此案时，妮可称自己当时不是很清醒，不知道自己是在冰上滑倒掉入车下的，还是被卡车卷入车下的。

经验丰富、资历很深的律师马格雷巧妙地利用了各种证据，推翻了当时目击者的证词，使得妮可因此败诉。

败诉后的妮可不得不向詹妮芙·帕克律师求援。接到妮可的案子后，詹妮芙·帕克经过调查，彻底了解了该汽车公司生产的汽车出现的问题，特别是近五年来的15次车祸中，每次车祸的原因都完全相同。詹妮芙·帕克研究后得出结论：妮可被卷入车底的真正原因，是该汽车的制动系统有问题，当卡车急刹车时，卡车的后部会打转，这就是受害者被卷入车底的真正原因。

于是，詹妮芙·帕克打电话对马格雷说："卡车制动装置有问题，你隐瞒了它。我希望汽车公司拿出200万美元给那位可怜的姑娘，否则，我们将会提出控告。"

马格雷得知詹妮芙·帕克了解了真正的原因，想用拖延的战术掩盖真相，他回答说："好吧，不过，我明天要去伦敦，一个星期后回来，届时我们研究一下，再做出适当的安排。"

詹妮芙·帕克不知道这是陷阱，就等了一个星期。但一周之后，马格雷没有和解的意思，此刻詹妮芙·帕克才恍然大悟，而此时诉讼时效已经到期了。

经验不够丰富的詹妮芙·帕克急忙给马格雷打电话，马格雷却说："小姐，诉讼时效今日过期了，建议你下次变得机灵一些。"

詹妮芙·帕克急忙问秘书："准备好这份案卷需要多少时间？"

秘书回答："需要三四个小时。现在是下午一点钟，即使我们用最快的速度草拟好文件，再找到一家律师事务所，由他们草拟出一份新文件，交到法院，那也来不及了。"

詹妮芙·帕克忽然发现，这家汽车公司在美国各地都有分公司，为什么不把起诉地点往西移呢？因为隔一个时区就赢得一个小时的时间。

于是，詹妮芙·帕克决定在位于太平洋上的夏威夷起诉。就这样詹妮芙·帕克赢得了至关重要的几个小时。

最后她以雄辩的事实使陪审团一致裁决：妮可胜诉，该汽车公司赔偿妮可各种费用总计500万美元。

詹妮芙·帕克的故事告诉每一个职场人士：在工作中，尽管我们会遇到很多问题，而且想要解决这些问题非常不容易，但是只要我们抱着"只为成功找方法，不为失败找借口"的工作态度，踏踏实实地梳理问题，那么，解决问题的方法还是有的。

比尔·盖茨曾说："一个出色的员工，应该懂得，要想让客户再度选择你的商品，就应该去寻找一个让客户再度接受你的理由。任何产品遇到你善于思索的大脑，都肯定能有办法让它和微软的Windows一样行销天下。”

2.“为失败找借口”易生惯性思维

事实上，打工皇帝和“求职专业户”的根本区别在于，当工作遇到困难时，打工皇帝会理智对待，并想尽各种办法来解决问题；而“求职专业户”则是为处理问题寻找各种借口。

对此，宝洁前CEO兼总裁艾伦·雷富礼(Alan G. Lafley)在接受媒体采访时就强调：“在宝洁公司，我们会提拔‘只为成功找方法’的雇员，这就是宝洁公司能够成为世界500强企业的一个因素。在实际工作中，当我们的宝洁员工遇到问题时，我们就会要求他们自己想各种办法去解决这个问题，从而找到更好的方法提高每一个岗位的工作效率。可以肯定地说，当员工在解决问题时，我们更能考察他独当一面应对问题的能力、责任感及其主动性。”

其实，问题和方法都是存在的，正是因为有了问题，才引领了人类的进步；而解决问题的方法不止一种，只不过暂时没有找到合适的方法来解决罢了。

事实证明，不管是古今中外，人类社会的发展和进步都是建立在解决问题的基础之上的，正是因为人类找到了正确地解决问题的方法，才出现了第一次、第二次、第三次工业革命。在人类社会发展和进步的过程中，总是会遇到诸多问题，但人类总能找到解决问题的方法，可见人类的主动性和创造性的伟大。

对于想成为打工皇帝的职场人士来说，只有专注于找出解决问题的方法，才能成为一名感动老板的优秀员工，才可能成为一名具有标杆式意义的打工皇帝。英国生物学家达尔文曾说：“世界上最有价值的知识就是关于方法的知识。”

从达尔文的话中不难看出，方法能帮助人们在许多困难和未知面前找到突破口。事实证明，面对问题，主动去寻找方法解决问题的人，是职场中的“宠儿”。那些主动去寻求方法的人，往往成了优秀员工、优秀的中层经理、具有标杆式意义的打工皇帝；而碰见困难避而远之的人，就沦落为处处求职屡屡碰壁的失败者。

郑文勤是米勒公司“元老级”的员工，负责对外跑业务，一直深得老板的器重。

郑文勤在一次出差中，出了车祸，造成走路时一只脚有点跛，但如果不仔细看，是根本看不出来的。实际上这不会影响郑文勤的形象，也不影响他的工作。

一次，郑文勤的一笔业务让竞争对手捷足先登抢走了，给公司造成了一定的损失。事后，郑文勤解释，失去这笔业务的原因是因为他的腿伤发作，比竞争对手迟到了半个小时。

以后，每当公司要郑文勤出去联系比较棘手的业务时，他总是以脚不方便，不能胜任这项工作为理由而拒绝。每一次，老板都没有难为他。就这样，郑文勤养成了遇事推托的习惯，而且择易避难，就近避远，碰到难办的业务能推就推，而对于好办的差事，则能争就争。

时间久了，郑文勤的业务成绩直线下滑，只要没有完成任务，他就推脱是自己的腿不争气。

最后，郑文勤甚至习惯于因为脚的问题迟到、早退，甚至工作餐时喝酒（因为郑文勤总是对别人说喝点酒可以让他的腿舒服些）。

两年后，老板忍无可忍，最终辞退了郑文勤。

郑文勤遇到问题就逃避，推卸责任，自我设限，他被老板辞退是必然的，因为他工作不主动，不为成功找方法，只为失败找借口。

近年来，关于员工培训的书籍层出不穷，数不胜数，但也参差不齐。当然，一个人要真正感动老板，赢得老板的提拔，仅靠一些口号式的“誓言”是不够的，还必须有实际行动，尤其是面对问题，能积极地想办法解决，这样的员工才能得到老板赏识。那些成为优秀员工、优秀中层经理和标杆式打工皇帝的人，就是那些主动寻找方法的人。纵观他们的奋斗史，其实就是一段不断寻找方法来解决问题、成就梦想的历史。

上述案例警示我们，在问题面前，如果从不为成功找方法，只为失败找借口，那么被老板辞退只是早晚的事。而那些主动寻找方法、积极解决问题的员工，他们从不寻找任何借口，只是竭尽全力地寻找更好的解决办法。这样的员工到哪里也是老板的“宠儿”。

事实证明，凡事积极找方法解决问题的员工，一定是事业上的成功者。

正所谓：“世上无难事，只怕有心人。”在工作中，问题总是难免的，但是只要员工敢于正视问题的存在，找到正确的解决方法，就算是再棘手的问题也能解决。

3.工作中永远不要说“没办法”

很多时候，我们听到很多员工在说：“这个客户的投诉让我确实是没办法”，“真的是一点办法也没有”这样的倾诉，相信很多企业员工都非常熟悉，因为这样的人就在身边，甚至可能就是你自己。

其实，如果你是一个谦虚聪明的员工，“确实是没办法”，“真的是一点办法也没有”这样的语句是绝不会从你口中说出的。为什么？因为你明白做好本职工作是职责所在。就算遇到问题，你也是会首先自己想办法解决，自觉地在解决问题的过程中锻炼自己；而不是向主管经理或者老板说：“确实是没办法”，“真的是一点办法也没有！”

在这里，笔者建议那些常说“确实是没办法”，“真的是一点办法也没有”的员工不妨换位思考一下，如果当你向老板提出某种要求时，要是老板也这样回答说：“确实是没办法”，“真的是一点办法也没有”，相信你肯定会对老板无比的失望！如果你的主管经理，或者老板给你下达某个任务，或者你的同事、顾客向你提出某个要求时，你也这样回答，你同样能够体会到他们对你的失望。

在很多时候，一句“没办法”，“真的是一点办法也没有”，就是我们在为自己寻找完不成某项工作的借口和退路。事实上，正是这样一句“没办法”，让很多员工失去了晋升的机会，从而阻碍了其发展的脚步。

面对困难和问题，难道是“真的没办法了”，“真的是一点办法也没有”了吗？ 还是我们根本没有全力以赴去好好地想办法解决呢？经过调查后我们发现：在很多时候，不是真的没办法了，而是这个员工根本就没有想把工作干好。要想成为优秀员工，要想最终成为打工皇帝，关键是在工作中你如何去做，在于你想把工作做到什么程度。

如果你对此有认识，就不会找借口说“没办法”了。

在《家族企业长盛不衰的秘诀》培训课上，我给学员们讲了一个奥达克余百货公司关于顾客管理的案例。

有一个名叫吉埃丝的美国女记者，来到日本东京的奥达克余百货公司电器部，打算挑选一件特别的礼物，以送给住在东京的婆婆作为见面礼。

当吉埃丝说明自己的购物意图后，奥达克余百货公司电器部的女售货员彬彬有礼地向她推荐了一款“索尼”牌电唱机。

然而，当满意而归的吉埃丝回到临时居住地，准备试用“索尼”牌电唱机时却发现，该电唱机不过是一个样品，根本无法使用。

一向对日本产品持以价廉质劣看法的吉埃丝，敏锐地觉察到其中的新闻信息，于是迅速写成一篇新闻稿——《笑脸背后的真面目》准备投递出去。怒气未消的吉埃丝还准备好了第二天与奥达克余百货公司交涉的有关凭据。

然而，让吉埃丝没有想到的是，第二天清晨，睡梦中的吉埃丝就被奥达克余百货公司打来的电话铃声叫醒了。在电话中，奥达克余百货公司副经理向吉埃丝道歉。

几十分钟后，奥达克余百货公司的副经理和提着新唱机皮箱的公关人员赶到了吉埃丝的住所。

副经理和公关人员进客厅后，向吉埃丝深深鞠躬致歉。让吉埃丝意外的是，副经理和公关人员除了送来一台新的合格的索尼牌电唱机外，还加送一张著名唱片、一盒蛋糕和一条毛巾。

吉埃丝问副经理和公关人员：“你们是如何找到我的住所的？我又没有告诉你们我的具体地址啊。”

副经理打开记事簿，宣读了他们从发现问题，到找到电话号码，到及时纠正这一失误的全过程记录。

当吉埃丝在奥达克余百货公司购买了索尼牌电唱机后，女售货员按照惯例将新的货品放在柜台上。但是，在清理货物的过程中，她发现自己不小心把一个索尼牌空心唱机样品卖给了一名女顾客。

于是，这位售货员赶紧向奥达克余百货公司总经理办公室汇报此事。同时，奥达克余百货公司保安马上根据监控视频四处寻找那位女顾客，但没有找到。

奥达克余百货公司总经理觉得此事非同小可，它关系到顾客利益和公司信誉问题。于是奥达克余百货公司总经理马上召集有关人员，根据有限信息寻找那位女顾客。女售货员只知道吉埃丝是一位来给日本婆婆购买见面礼的美国记者，还有一张她留下的美国快递公司的名片。

根据此仅有的线索，奥达克余百货公司公关部便连夜开始了一系列如大海捞针一样的查找。

公关部先是向东京各大宾馆查询，但毫无结果；然后又根据美国快递公司的名片，向美国该快递公司的总部查询。

凌晨两点，奥达克余百货公司才接到美国快递公司的电话，美国快递公司打听到了吉埃丝父母的电话号码。奥达克余百货公司的公关部马上将电话打到吉埃丝父母家，老人才将吉埃丝在东京的住址和电话号码告诉奥达克余百货公司公关部。

查找的整个过程，奥达克余百货公司公关部总共打了国际国内35个紧急电话！

奥达克余百货公司的做法，一下子让吉埃丝深受感动，改变了先前的看法。于是，她重新写了一篇题为《35次紧急电话》的新闻特写。

《35次紧急电话》见报后，奥达克余百货公司声名鹊起。

后来，这个故事被美国公共关系协会推荐为世界性公共关系的典范案例。

可想而知，如果第一篇关于企业不诚信的负面报道刊登在媒体的头版头条，那么，奥达克余百货公司必将陷入信任危机之中。

奥达克余百货公司全体人员用“只为成功找方法，不为失败找借口”的意识，竭尽全力地挽救，及时解决了问题，不但挽回了公司的信誉，还提高了公司的知名度和美誉度。这种做法实在令人感动。这个过程中，公司相关人员都加入其中，积极自觉地设法努力，体现了他们高度的自觉性和团队意识。优秀的企业员工就该如此。

这个案例还警示每一个员工：企业的发展离不开全体员工的辛勤工作和不懈努力，只要全体员工同心协力，就没有克服不了的困难，就没有解决不了的问题，就没有办不成的事情。

在职场上，要想成为一名出色的职员，特别是要想成为一名打工皇帝，当工作中出现问题时，必须要像奥达克余百货公司的全体员工那样，用“只为成功找方法，不为失败找借口”的精神，尽一切可以想尽的办法来解决问题。

众所周知，普通员工之所以能够从一线员工晋升到打工皇帝，不是因为他们有三头六臂，也不是因为他们拥有孙悟空那样的“72变”，而是因为他们在工作中出现问题时，从不回避，而是竭尽全力地解决问题。他们认为，回避工作中出现的问题，是懦夫的表现。更何况，逃避并不能从根本上解决问题。所以，采取鸵鸟政策并不能将问题解决，更不可能把问题转化成有利的机会。

在很多场合，常常听到有人说："只要努力了，结果如何并不重要。"然而，在一切讲究效率的今天，这句话明显不合时宜。因为我们的目的是做成、做好事情。我们拼尽全力做某件事，自然是希望做到尽善尽美，否则就不必费力气了。所以过程中遇到问题，应当积极应对，并力争达到预期目标。当然，努力并不等于执行到位，找办法不一定能解决问题。所以，这里又有一个如何解决问题的方式方法问题。但只要找对方法，就能执行到位，从而提高工作效率。

七、职业形象决定着自身气场

在一些场合，笔者私下问过一些老板：你最不喜欢哪种员工？有不少老板回答：从不注意职业形象的员工。可能有人认为，只要自己工作能力足够强，就不怕老板不录用。如果你真有这样想法，现在就应该反省，因为你的想法大错特错了。不同工作对职业形象的要求不同，如果你刚好从事一项对职业形象要求较高的工作，而你不注重形象，总是邋遢不堪，那么你就可能被老板辞退。或许你认为我是在小题大做，但这是笔者询问了数十个老板得出的结论。因此，要想成为一名打工皇帝，就必须注意自己的职业形象。因为在职业化的今天，员工个人的职业形象比想象中更重要，甚至可以说，它影响着职场人士的未来。因此，在面试或者与老板共事的过程中，给老板留下良好的职业形象很重要。如果穿着奇装异服去上班，大多数公司老板都不会喜欢，还有可能把你辞退。

1.让老板刮目相看，从塑造职业形象开始

在很多场合，一些员工抱怨说：老板真难伺候。在《家族企业长盛不衰的秘诀》公开课中，一个留着板寸发型的学员问我："周老师，我曾经在大学做过歌手，习惯地留着一头长发，总觉得非常时髦。但是在毕业前，我到几个央企去面试，他们都拒绝录用我。我通过关系才知道原因，他们都觉得我头发太长，影响企业形象。"

我当场问这个学员："你不是喜欢长发吗？怎么现在留着板寸呢？"

他的回答很实在："如果还留着长发，估计现在我还在找工作。"

由此可知，作为员工，应该注意自己的形象，而要想感动老板，就必须时刻维护企业形象。因为维护企业形象不仅是一个合格员工的必备素质，更是得到老板提拔的一个重要因素。很多公司特别要求销售员穿正装，这主要是考虑到销售员的工作性质。

在工作中，特别是在接待合作者的过程中，公司的员工着装整齐，他们对外表现的形象就容易得到合作者的认可。因此，那些立志成为打工皇帝的人，必须重视职业形象。如果自己在公开场合举止文明、谈吐优雅、彬彬有礼、言而有信，那么，这样的职业形象不仅会给客户留下好印象，同时也能给自己、给自己的企业赢得好评价。

相反，如果你着装怪异、满口脏话、行为粗鲁，那么，你和你所在的企业在业界的口碑就会大打折扣，合作者也会因为你缺乏职业形象而怀疑你所在企业的产品信誉，从而影响合作者与你所在企业的商业合作。

理查德是美国硅谷一家网络服务器公司的新推销员。一天，理查德上门向多克公司的采购部经理萨维奇做产品推介。

“萨维奇先生，您好，我想向您介绍一下我们的产品。您知道，作为网络服务器，产品的稳定性是很重要的。经过科学验证和很多客户的证明，我们的产品可以保证连续运转而不发生任何意外……”

理查德不停地说，同时不停地用笔记本电脑向萨维奇做演示。

但是萨维奇老是走神，他看着理查德的鞋子、裤子，然后又把目光扫过他的衬衫和领带。哦，上帝！他的鞋子有多久没上油了，看不到一点光亮！他的衬衫领子明显可见油污，不会是昨天去帮哪位朋友修理过汽车而弄脏了吧？还有……

理查德继续介绍说：“萨维奇先生，我说了很多，我的客户也很多，并且他们购买了大量我们的产品。我想，您也一定很有兴趣。如果您使用我们的产品，我们会给您提供更多的服务……”

“哦？”萨维奇此时回过神来，“对不起，理查德先生，我对这个不感兴趣，我想我考虑一下再给您答复吧。”

研究发现，世界500强企业都要求员工时刻注意自己的形象，以此维护企业形象。这些企业把时刻维护企业形象作为每一名员工的责任。

当然，维护企业形象不是一句时髦的口头禅，必须依靠每一位员工从自身做起，从塑造良好的自身形象开始。

业内专家指出，成功的职业形象不一定保证你在职场上游刃有余，但是邋遢的职业形象绝不会让你得到老板的青睐。员工想得到老板的认可，除了能力之外，其职业形象也是非常重要的。如果你想事业成功，那么，你就必须注重职业形象，否则，一切免谈。

根据商业心理学的研究表明，人与人之间的沟通所产生的影响力和信任度，是来自语言、语调和形象三个方面。它们的重要性所占比例是：语言占7%；语调占38%；视觉（即形象）占55%（见图3-2）。

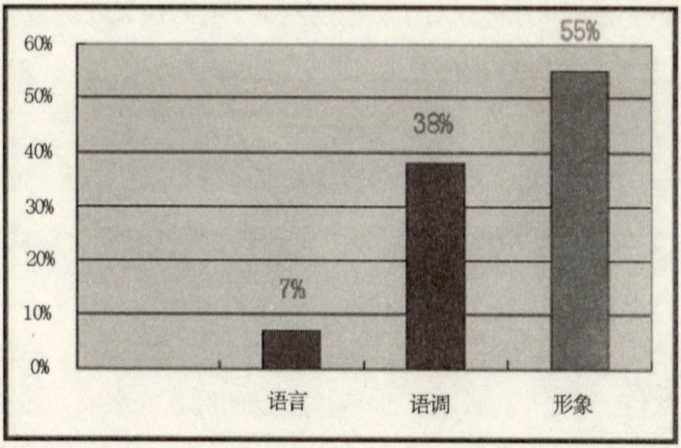

图3-2　语言、语调和形象在沟通中所产生的影响力和信任度

从图3-2可以看出，员工的一言一行直接影响企业的外在形象。员工的综合素质就是企业形象的一种表现形式，员工的形象代表着企业的形象，员工应该随时随地维护企业形象。的确，在这个越来越眼球化的社会，一个人，尤其是职场人士的形象，将可能左右其职业生涯，甚至会影响到一个人的成败。

从商业心理学研究的调查结论来看，成功的职业形象可以为自己带来更多的收益，此观点正日益得到人们的认同。据著名形象设计公司——美国CMB对300名金融公司决策人能做的调查显示，成功的形象塑造是获得高职位的关键。另一项调查显示，形象直接影响收入水平，那些更有形象魅力的人，收入通常比一般同事要高14%。

元朝有个叫胡石塘的人，自称有些学识，十分骄傲，而且此人生性粗心，不拘小节，从不注意自己的形象。

一天，元世祖忽必烈召见他。他十分高兴，以为自己的机会来了，于是兴冲冲地上朝去了，也没整一下自己的衣冠。

上到大殿，忽必烈看他大大咧咧，歪戴着帽子，一副满不在乎的样子，问道："你有什么看家本事？"

胡石塘回答说："我有治国平天下的学识。"

忽必烈听了哈哈大笑说："你连自己头上的帽子都戴不平，还能平天下吗？"

胡石塘因为歪戴帽子、不拘小节而葬送了前程，这还不足以说明职业形象的重要性吗？随着社会的发展，职场上已经不是只把工作做好就够了，形象包装已越来越引起人们的重视，成为不可忽视、与工作密不可分的内容。

对于职场人士来说，职业形象的影响主要体现在以下五个方面（见表3-6）：

表3-6 职业形象影响的五个体现

（1）	对于应聘面试而言，职业形象影响着你是否能赢得职位。
（2）	对与同事共事而言，职业形象影响着你的团队合作效率。
（3）	对与老板共事而言，职业形象影响着你的升迁仕途。
（4）	对与客户合作而言，职业形象影响着你的订单。
（5）	对你管理的下级而言，职业形象影响着你的权威。

从表3-6可以看出，要想成为打工皇帝，就必须懂得树立和维护自己的职业形象。我们来看一个真实的故事。

在北大某EMBA班组织的一次企业参观中，发生了这样一件事。

20多位EMBA学员在参观完一家企业的生产车间后，正准备去参观另外一个生产车间，突然，就在20多位EMBA学员不远处，一个垃圾桶里冒出了一丝丝轻烟……

EMBA学员、某公司总经理张大清发现后，将正在冒烟的烟头从垃圾箱内找出。

张大清顺手将烟头掐灭，又将烟头放回到垃圾箱内。

该企业接待人员看到了这一幕，向张大清总经理投来了赞赏的目光。

读者可能会认为，这有什么了不起，不就是一个小小的举动吗？这样的举动我也会啊。但就是这个小小的、不起眼的举动，让20多位EMBA学员看到了良好职业形象的巨大作用。张大清的表现，不单单体现了他个人的素质修养，更体现了参观此次活动的北大某EMBA班的整体形象——就是说，他这行为不仅为自己争了光，也为这个EMBA班争了光。

巴克斯集团董事长山姆·巴克斯的儿子贝尔·巴克斯大学毕业后，回到巴克斯集团工作。当时，巴克斯集团只是一家中等规模的保健品厂，公司的产品不错，但知名度却很有限。

贝尔·巴克斯从推销员干起，一直做到主管。

一次贝尔·巴克斯坐飞机出差，不料却遇到了意想不到的劫机。

度过了惊心动魄的十个小时之后，在大家的努力下，问题终于解决。就在贝尔·巴克斯要走出机舱的一瞬间，他突然想到在电影中经常看到的情景：当被劫机的人从机舱走出来时，总会围上来不少记者。为什么自己不利用这个机会宣传一下自己公司的形象呢？

于是，贝尔·巴克斯立即做了一个在那种情况下谁都没想到的举动。他从箱子里找出一张大纸，在上面浓描重抹了一行大字："我是巴克斯公司的贝尔·巴克斯，我和公司的巴克斯牌保健品安然无恙，非常感谢抢救我们的人！"

贝尔·巴克斯打着这样的牌子一出机舱，立即被电视台、报社、杂志社等媒体的镜头捕捉住了。贝尔·巴克斯立刻成了这次劫机事件的明星，很多家新闻媒体都对他进行了采访报道。

等贝尔·巴克斯回到公司时，公司的董事长、总经理山姆·巴克斯带着所有的中层主管，站在门口夹道欢迎他。原来，贝尔·巴克斯在机场别出心裁的举动，使巴克斯公司和巴克斯产品的名字在一瞬间家喻户晓了。巴克斯公司的电话都快被打爆了，客户的订单一个接一个。山姆·巴克斯动情地说："没想到你在那样的情况下，首先想到的竟然是巴克斯公司和巴克斯的产品。毫无疑问，你是最优秀的推销主管！"

山姆·巴克斯当场宣读了对贝尔·巴克斯的任命书——主管营销和公关的副总经理。

后来，贝尔·巴克斯接管了巴克斯集团。

这是一个很有说服力的例子，说明员工形象决定企业形象。当然，巴克斯集团的产品能够迅速打开市场，与贝尔·巴克斯在危难时刻做出为自己所在的公司和产品做宣传的决定是分不开的。他在惊魂未定的时刻，依然为企业考虑，做出了“我是巴克斯公司的贝尔·巴克斯，我和公司的巴克斯牌保健品安然无恙，非常感谢抢救我们的人！”这样一个漂亮的举动，一下子引起关注，使产品热销。

贝尔·巴克斯的案例说明，良好的职业形象同时也是公司的商业形象。公司的商业形象绝不是一些人认为的不过是企业名称、产品名称、商标等等，这种观点是片面的，也是肤浅的。

作为企业的一名员工，特别是想要成为打工皇帝的员工，不管你从事什么工作，不管你在哪一个公司任职，都必须保持良好的职业形象，同时还要维护公司的商业形象，这是作为公司员工的基本职业道德所在。

2.职业修养影响客户心理

在给企业做内训时，我经常见一些企业的员工穿着奇装异服来听课，有时候我也会问他们：“你们老板都穿着印有公司标识的工作装，你怎么喜欢像周润发一样穿风衣？”

一位学员说：“今天是培训课，用不着穿工作装，再说了培训课也不要求穿工作装。”

后来，我把这个学员的想法跟他的老板说了，这个老板说：“这怎么可能呢？在您来讲课时，我要求员工们穿有公司标识的工作装的。”

其实，像这样的学员不明白一个道理：不管在何种情况下，员工的形象都代表着企业的形象，员工就是企业的代言。因此，对于任何一个员工，特别是那些想要成为打工皇帝的员工，必须注重自己的形象。不管是商务考察，还是与合作者洽谈，无论在何处，都要明白，自己代表的不只是个人，还有企业。作为员工，你的言谈举止和行为已经不再单单是个人的行为。

业内专家建议，要想成为打工皇帝，必须注意自己的职业形象，一定要注意着装、仪表、谈吐、举止，做到着装整洁大方、姿态端正、举止文雅，为此有必要学一些相关的专业知识。

员工的一言一行、一举一动都代表着企业的形象。比如，在办公室，当你拨打和接听电话时，要注意说话的语气，千万不能忽视这种小细节，因为从这些细节中可以看出你的职业素质，同时还间接地展示你所在企业良好的职业形象。

当你客气地给合作者接打电话时，你热情得体的语气语调，以及讲话的分寸等等，不仅令合作者感到温暖亲切，而且还因此得到合作者的认可，从而加大合作的规模和深度。尽管合作者在电话的另外一端看不到你的表情，但是合作者已经从你的语调中感觉到你友好、礼貌、尊重他人的工作态度。相反，如果你在电话中不经意间说了脏话，甚至有鄙视合作者的语气，那么你就会失去一个可能潜力巨大的客户，从而使公司遭受不必要的损失。对此，福特汽车公司的创始人亨利·福特在接受《哈佛商业评论》采访时讲过这样一个故事：

有一回，亨利·福特同奇诺汽车配件销售公司的经理吉米·斯米尔共进午餐。每当一位漂亮的女服务员走到他们的桌子旁边，吉米·斯米尔总是目送她走开。

亨利·福特心里暗想，在吉米·斯米尔看来，女服务员的两条腿比我要对他讲的话更重要，吉米·斯米尔并没有听我讲话，他简直不把我放在眼里。

福特认为，这样的人居然是销售经理，真是不可思议，由此就可断定他的公司也不怎么样。于是，他取消了与奇诺汽车配件销售公司的合作。

人们常说："一人可以兴企，一人亦可败企。"在上述案例中，吉米·斯米尔因自己的不良形象失去了一个大客户。对吉米·斯米尔来说，损失的不仅是一个小订单，更是一个将企业做大的机会。

在这里，需要提醒那些立志成为打工皇帝的人，为了实现打工皇帝的梦想，从此刻起，必须时刻注意自己的职业形象，不断提升个人的综合素质。因为你的职业形象代表的不仅仅是个人，还有整个公司。良好的职业形象可以赢得老板的认同，在职场竞争中让自己处于有利地位，让自己受益无穷；较差的职业形象无疑会影响你在老板心目中的印象，对你的发展不利。即使老板想提拔你，但当他想起你较差的职业形象时，也会心生顾虑，一个好机会可能就给了职业形象比你好的同事了。

良好的职业形象要靠平时的自觉培养和塑造，从小事做起，时刻注意维护自身的职业形象。这也是一个人综合素质的重要体现，是对自己负责，更是对企业负责。

这就要求员工在跟客户合作的过程中，时时刻刻保持良好的职业形象意识，处处维护公司形象。在合作者看来，对方连一线的员工都具有良好的职业形象，其公司生产的产品和提供的服务应该不会差。

3.职业形象决定自身前途

作为企业的一名员工，你的一举一动，都代表着公司的形象，你的言行也在传播着企业的形象。当然，这种形象可能是正面的，也可能是负面的。

在准客户的眼里，员工的着装、言行等外在形象都会给客户传递出一些信息，如果这些信息是正面的，那么客户与你公司合作的几率就大大增加；相反，如果这些信息是负面的，那么客户就很可能放弃合作。甚至有的老板跟我说："员工的谈吐影响着企业的信誉。"这位老板说的话，是他的经验之谈。他的理由是，如果员工在与客户谈判时，天马行空，毫无逻辑，甚至是满口脏话，本来打算签的订单也会因此泡汤，因为客户觉得这个员工讲的话不靠谱、不可行。在这样的情形下，客户放弃订单是必然的。

这个老板还举例说，如果有客户说："你们公司的管理真的非常差劲"，员工如果也跟着说："是啊，我也觉得难受。"那么结果会怎样？如果员工说："其实不是这样的，我想你是不太了解我们公司；只要你了解了，就一定会欣赏我们公司的。"那么结果又会怎样？

应该说，这两种回答都是为了拿到订单，但第一种回答附和客户，故意拍客户的马屁，却忘了自己公司的形象；而第二种回答，客观中肯，维护公司形象，也树立了自己良好的职业形象。也许客户的确对你所在公司有误解，但是通过你如此积极的沟通，这个客户定会改变以前的看法。

刘潇诺从北京某大学旅游学院毕业后，到一家著名的五星级饭店当接待员。

不久，刘潇诺就遇到了一个棘手的问题。那天，一位来自美国的客人乔治·巴克杜克焦急地向值班经理反映："来中国前，我就预订了纽约—东京—香港—北京—哈尔滨—深圳—新加坡的联票。但是，由于疏忽，一张去哈尔滨的机票没有及时确认，预定的航班被香港航空公司取消了。”这一下乔治·巴克杜克急了，因为他到哈尔滨是去签订合同，如不能及时赶到，将造成巨额的损失。

酒店总经理当即安排刘潇诺和另外一位老接待员解决这一问题。刘潇诺和同事到民航售票处，向民航的售票员介绍了情况，希望售票员能够帮助解决这一问题。

但售票员回答：“是香港航空公司取消的航班，和我们没有关系。”

“那还有其他什么办法吗？重新买一张票行吗？”刘潇诺问。

“票已经全部卖完了。”售票员回答道。

她们一再向售票员重申，这是一个重要的外国客人，如果不能及时赶到会造成巨额损失，但售票员的回答仍然是：“对不起。”

刘潇诺问：“难道就再没有别的办法吗？”

售票员说：“如果是重要客人，可去贵宾室试试。”

但当她们赶到贵宾室时，却被工作人员拦住了，要求她们出示贵宾证。怎么办？刘潇诺不甘心，又向工作人员说明情况，但工作人员还是不同意让她们进去。她突然动了一个念头，于是问了一句：“假如要买机动票，应该找谁？”

对方回答道：“只有总经理。不过我劝你们还是别去找了，现在票紧张得很！”

碰了这么多次壁，同事已经灰心丧气了，拉着刘潇诺的手说：“算了吧，我们去找总经理估计也没戏，还是回去吧，反正我们已经尽力了。”

那一瞬间，刘潇诺也有点动摇了，但她很快又否定了打退堂鼓的想法，毫不犹豫地向总经理办公室走去。

见到总经理后，刘潇诺将事情的来龙去脉讲述了一遍。总经理听完，看着刘潇诺满是汗水的脸，微微一笑，问：“你从事这项工作多长时间了？”

得知刘潇诺刚刚参加工作，总经理被刘潇诺认真负责的态度感动了，说：“我们只有一张机动票了，本来准备留下来给其他重要客人。但是，你的敬业精神和对客人负责的态度让我非常感动。这样吧，票就给你了。”

当刘潇诺把机票送到乔治·巴克杜克手上时，乔治·巴克杜克简直是喜出望外，连声称赞刘潇诺。

后来乔治·巴克杜克还特意给酒店的总经理写了一封表扬刘潇诺的信。总经理知道这件事后，当着所有员工的面表扬了刘潇诺。不久，刘潇诺就被破格提拔为主管。

刘潇诺的被提拔告诉职场人士，特别是那些想要成为打工皇帝的员工：在工作中，必须保持良好的职业形象，这样不仅能赢得顾客的认可，而且还能传播企业的品牌形象，甚至有可能被合作过的老板看中，从而高薪聘请你。

#【第四章】

玩转属于自己的职场

感动老板是第三步，接下来的第四步就是玩转属于自己的职场了。

——新华都集团总裁兼CEO唐骏

一、保全老板面子才能获得老板充分信任

在中国，面子文化十分盛行。很多时候，老板往往把面子看得比结果，甚至比地位都重要。究其原因就是中国人非常热衷于讲面子。这种讲究面子的偏好，源自中国悠悠五千年的文化，又扎根于伦理型的社会人际关系网之中，使得讲面子在每一个中国人的心中都根深蒂固。

在组织中，特别是在企业中，老板的面子不仅代表老板一个人的形象和自尊，更重要的是还代表了他在公司中的威信和影响力，而这个威信和影响力在企业管理中往往会发挥巨大的作用。老板无疑比任何员工都更看重面子。如果老板在某些场合下处于非常尴尬、或者面子可能保不住的危急时刻，你能帮助老板保全面子，那比你平时完成老板分派给你的任何一项重要任务都有功；反之，如果完全可以帮助老板保全面子，而你却视若无睹，袖手旁观，目击

老板丢尽面子，那么，无论你的工作技能多么全面，老板都会找借口辞退你。因此，作为一个合格的职场人士，不仅要在公司内部保全老板的面子，在其他公开场合，更要懂得如何保全老板的面子。所以，要想成为一名出色的打工皇帝，保全老板面子是上上之策。

1.多请示也是给足老板面子

在任何一个企业，下属和老板是企业中两种不同的角色，因为角色的不同，注定了其不同的特点。作为下属，不仅要敬业，积极主动地工作，而且还应该尊重、服从、听命于自己的老板；作为老板，在给予下属发展平台及相应薪水的同时，还有权命令、控制、奖惩自己的下属。

下属和老板角色的不同，造成他们的角色定位也截然不同。老板和下属掌握的资源也不相同，老板掌握的资源远比下属多。

在任何一个企业里，一个人地位越高，特别是老板，他的面子似乎就显得越重要，他也就更看重自己的脸面。一个人面子的大小，取决于他手中掌握的资源。一个人手中掌握的资源越多，那么他的面子就越大；反之，如果他手中掌握的资源少，那么他的面子就小。从理论上讲，既然老板或者不同层级的领导者掌握的资源比一线的员工多，那么他就应该有更大的面子。

给老板面子就是给自己面子，下属之所以要给老板面子，是因为给老板面子还关系到下属个人的切身利益。

为什么呢？究其原因就是老板在相当大程度上有权决定下属的薪水、升降、去留、奖惩，所有这些都涉及下属的切身利益。这就使得下属不得不给老板面子，以此来确保自己的切身利益不受损失。

作为职场人士，既然在很多场合下必须给老板面子，那么，怎样给老板面子比较高明？答案是：一般情况下，下属不要触及老板的底线为妙，遇事尽量多请示老板。

多请示不仅顾及了老板的面子，同时还能拉进与老板的关系，获得他的信任和支持。因此，要想成为打工皇帝，必须多请示老板，哪怕是非常能干的下属，也必须在做事情时多多请示老板，表现出自己谦逊、服从的工作态度，这样老板就会认为你听他的话，忠诚于他，没有叛逆之心，这样老板才可能让你发挥聪明才智，才会对你大胆使用。

在很多场合，一些能干的下属不愿意请示老板，他们担心，如果我向老板请示问题，他可能就会认为我水平低，这不是自己不给自己面子吗？事实是，很多不愿意请示老板的下属往往会得到更糟的结果——不仅得不到支持，而且还极有可能丧失老板对你的信任和宠爱。一旦你的工作出现问题，而之前你没有请示过老板，那么，老板必定对你毫不客气，甚至将该问题的责任推给你，让你一个人去承担。

既然如此，何不多请示老板呢？要明白，多请示就是在遵循老板的意见，就是在给老板面子。当下属每次向老板请示时，老板的虚荣心理往往会得到满足——我是老板，地位比下属高，能力比下属更强。他就会有这种美滋滋的感觉。

精明的下属懂得请示老板，让老板的虚荣心得到满足，这无疑是给老板最大的面子。同时，当下属遇到一些问题向老板请示时，老板会觉得他工作认真负责，从而大大增加对他的信任，自然就会给他更多的发展和晋升机会。

今天的职场人士在读历史时，总是称赞古人的智慧，其实，那些中国古代的能臣，他们都很清楚，多向老板请示，才是职场发展的有效方法。徐达就是其中的一个善用此道者。

明朝开国元帅徐达，是朱元璋的老部下，非常了解朱元璋。在很多战役中，徐达往往是想好了作战计划，然后再请示朱元璋。正是因为经常请示朱元璋，徐达一路仕途顺畅。

在攻打张士诚时，朱元璋任命徐达为大将军，率领20万水师进逼湖州。徐达率部出发，一路上势不可挡，把张士诚的部队包围在苏州城里。

但徐达却没有马上攻打的打算，只是命令士兵在城外筑起三层土台，并架起弓弩火枪，台上高架大炮，鸟瞰城内动静。

徐达知道，此刻攻下苏州城如探囊取物般容易，但他还是保持谨慎，因为他了解朱元璋的心思。

经过一番冷静的思考后，徐达派心腹密使赶到朱元璋那里，请示攻城计划。朱元璋听了徐达的汇报后非常满意。但是，对于当时的形势，朱元璋自己也拿不定主意，就写信大大夸奖了徐达一番。朱元璋说："将军向来勇谋绝伦，故而能够粉碎乱谋、削平群雄。现在事必禀告请命，是将军的忠诚，我甚为安慰。然而将在外，君不必御。军中的轻重缓急，将军应相机而行，我不从中制约。"

徐达接到朱元璋的指示以后，再次书面确定朱元璋对自己放了权，便立即挥军直捣苏州城，活捉张士诚，收了降兵25万人。

当胜利的捷报传来时，朱元璋马上封徐达为信国公，犒赏三军将士。

徐达统率大军屡立战功，却没有遭到朱元璋的猜忌，究其原因，与徐达善于请示的行事哲学和老谋深算分不开。

徐达非常清楚，朱元璋是自己的老板。在朱元璋大明江山的基业还不稳定时，任何一个下属都不能挑战朱元璋的权威。很多作战，如果不请示，那么敏感的朱元璋会担心部属能力超过自己生出野心，这是任何一个帝国的开创者都不允许的。所以，遇到重大事情时不请示朱元璋，无疑是对朱元璋的忽视和挑战。

徐达深明此道，他经常请示工作，给朱元璋足够的面子，也给自己的仕途锦上添花——不仅赢得了老板朱元璋的信任，而且自己也能做出一番事业，避免了“飞鸟尽，良弓藏，狡兔死，走狗烹”的悲剧发生，最终名扬千古。

上述案例警示我们，要想成为打工皇帝，遇到一些问题该请示老板就请示老板。

在工作中要多请示老板，多向老板汇报，让老板知道你在做什么工作，已经做了什么工作。作为员工要明白，多请示是在给足老板面子。

下属给足老板面子，老板也会对给他面子的下属以更多的器重和信任。如果下属遇到事情自作主张，不问问老板的看法，就容易引起老板的误解——他会认为你不看重他的权威地位，这样他在脸面上就过不去，你在老板心目中的印象就会一落千丈。

有些人因为自己有才，便恃才傲物，以为自己能够妥善地完成任务，不需要时时处处向老板请示，这就大错特错了。因为他只考虑到自己有能力这个事实，却忘记了不请示老板是不给老板面子的体现。

在《中外家族企业成功之道》培训课上完后，午餐时，一个叫张杰的员工向我倾诉说：“周老师，上周老板让我去上海出差，和AA

企业签订合同。因为是板上钉钉的事情了，我为给公司节约成本，没去买机票，而是购买了一张去上海的火车票。但是，回公司后，老板不问青红皂白地臭骂了我一顿。老板还说，我们公司不缺那张机票钱。真是费力不讨好，让人郁闷。”

这样的情形，天天在中国4000万家企业里上演着，只是时间、地点和人物不同而已。

可能有读者认为，这样的老板简直就是无理取闹，员工主动为公司节约成本，降低费用，本应该奖励才对。

这种看法本身并没什么过错。但是，如果读者换位思考一下，如果你是老板，你有什么感受呢?

我想，老板之所以臭骂张杰，就是因为张杰私自决定而没有向老板请示。由此可见，工作中员工多多请示老板，是一件必需的事情。

员工遇到事情多请示老板，往往会增加老板对他的信任，从而给他更多施展才华的机会；相反，即使员工为公司着想，甚至为公司作出重大贡献，如果没及时请示，也照样不得老板的喜欢和器重，甚至还会挨老板的臭骂，结果搞得自己心里非常不痛快。

2011年10月23日下午两点，康乐科贸公司的老板罗大为狠狠砸着宽大的办公桌，大声说道：“糟了！糟了，王铭文，你这个王八蛋，你想断我财路，门儿也没有！你给我的商品尽管非常便宜，但是这批货根本就达不到永盛公司的要求，还是徐东明的货质量过硬。也怪我当时太冲动了，还发邮件把徐东明狠狠地臭骂一顿，还骂他是骗子，这下麻烦可大了！”

秘书言红艳被老板的这一举动惊呆了，当得知是因为老板叫她发邮件骂徐东明一事后，松了一口气，乐呵呵地对老板说："我当时就说，遇到这样的事情应该先冷静冷静，然后再发邮件给他。"

罗大为让言红艳查找徐东明的电话号码，打算打电话向徐东明道歉。

言红艳却说："不用了！实话跟您说，那封邮件我根本没发。"

罗大为以为听错了，又确认了一次："你真的没有发？"

言红艳认真地说："对，没有发。"

罗大为如释重负地坐在办公椅上。忽然，他大声对言红艳说："不对，我记得当时不是让你马上发出去的吗？"

言红艳说："嗯，你当时是让我马上发，但我觉得你当时非常冲动，这样的骂人信发出去不合适，所以压下了。不过，也就压了一个月而已。"

罗大为拿出记事本问："最近发往俄罗斯的那几封邮件，你也压了吗？"

言红艳说："发了，我哪有那么傻！你放心，我知道什么邮件该发，什么邮件不该发。这邮件的事，你大概还没想到吧？"

她本来以为老板会表扬自己，没想到罗大为居然站起来，沉声问："我真的没有想到，到底你是老板，还是我是老板？"

言红艳呆住了，两行泪水滚落下来。

上述两个案例有一个共同点，就是员工为了公司的发展，在没有请示老板的前提下，私自做主，结果好心不得好报，费力不讨好。

员工张杰为了节约费用而购买火车票去上海出差，结果被老板训斥。张杰挨老板的臭骂，主要是不了解老板的行事风格，在企业中，有的老板讲究排场，有的讲究效率，有的讲究节约成本。作为员工，必须清楚老板的做事风格，否则，好心办好事，也不得好报。

在案例二中，读者可能会想，言红艳明明为了公司的发展才这么做，老板罗大为不仅不感谢，还心生怨意，这真是不可理喻的老板。如果读者这样想的话，那就大错特错了。假使一个秘书可以不听命令，自作主张地把老板要她立刻发的邮件一个月不发，那她岂不成了老板？如果总有这样的“暗箱操作”，以后老板交代她做事，还能放心吗？所以，言红艳被训斥也就在情理之中。老板毕竟是老板，事情还是得他来做主，员工不要抢了老板的工作权力。

读者换位思考一下：如果你是老板，你的员工将你的决策擅自改变，不执行，甚至是阳奉阴违，你想想，这样的后果有多严重？可以说，像言红艳的行为，私自作主，做好了还好；一旦没做好，企业有可能为之付出惨重的代价。这样的例子举不胜举。

在工作中，无论你与老板的关系多么亲密，也不要逾越上下之间的界限，不要抢了老板的决策权——该老板决策的事，一定要让老板拍板，你不可自作主张。有时，即使老板不在身边，事儿也不大，你完全能处理，知道老板也会这样处理，但你还是不要轻举妄动，应该及时向老板汇报请求，得到他的授权后再作处理。

有时候，当员工发现老板让自己执行的决策是错误的，此时，员工也不要贸然指出老板不对，更不要擅自改变老板的决定。员工应该婉转地说：“还有一个方案，您斟酌一下，是不是可行？”如果老板意识到自己错了，就会授权按照员工的方案办；如果老板刚愎自用，非要员工执行他的错误决定，员工只管执行好了。等老板发现自己错了，他也不好意思找员工麻烦，反而会暗地里赏识员工，尊重他的态度，授权员工做一些重要的事情。

可能有读者会问，作为一个刚参加工作的员工，该怎样与老板相处?

其实，不管是新员工，还是正在寻找工作的人，都不要为此过分担心，只要平时留意，了解老板的行事风格，注意多请示就行。有时，员工突然被辞，自己也不知道原因。在很多情况下，也许是你没注意请示汇报，伤了老板面子，自己却不自觉。事实上，你的老板可能不止一次地提醒或者警告过你，而你没有在意。其实，老板已经告诉你被辞退的理由了。

的确，现实中，有很多职场人士自恃其能，对老板的面子不注意维护，或者置若罔闻，不知不觉地触碰了老板底线，被辞退也就理所当然了。

2.冷静积极地保全老板面子

在中国的企业中，很多老板往往都是依靠面子维持自己的权威，用非正常的管理手段来促进企业的生存和发展。

在这样的背景下，老板在企业管理中，首先强调的是面子，尽管他从不明说出来。在老板的意识中，面子就是权威，就是公司的规章和制度，绝不可违反冲撞。这就注定了老板的面子比下属的面子重要。如果职场人士遇到这样的老板，也不必紧张，其实照样有办法，照样可以玩转自己的职场。方法很简单，那就是，了解老板，投其所好，给足老板面子，就可万事大吉。

研究发现，在中国的企业里，老板往往把面子当做无形资产，即面子是整个企业中最贵重的资产。为什么这样说呢？主要就是在一部分老板心中，面子往往跟权威、权力、领导力、影响力等联系在一起，面子就是生产力，可谓“兹事体大”，忽视不得。但许多职场人士并不懂得这个道理，结果吃了大亏，留下终生难忘的教训。

相对于员工而言，老板往往显得较为稳重，这是因为老板是企业的主要负责人，而且往往积累了丰富的创业经验和管理方法。但是，尽管一些老板有着丰富的阅历，偶尔也会有考虑不周的地方，甚至在突发事件面前，也不知道如何处理。所以，老板在工作中，有时候也会出丑。这是正常的，毕竟人无完人。一般来说，常见的老板丢丑现象，有以下四种（见表4-1）：

表4-1　老板丢丑的四个方面

（1）	在重要的场合发生口误。
（2）	被大客户毫不留情面地批评。
（3）	被生意场上的对手围攻。
（4）	误入竞争对手设下的圈套，在突发事件面前一时反应不过来。

其实，上述四个情形是经常发生的。不过，当你跟老板面对以上情况时，你首要的任务是：冷静积极地处理这个突发事件，尽最大努力，避免老板在公开场合丢丑，从而保全老板的面子。

这样做的好处有两个方面：第一，将来成为打工皇帝后，知道该如何应对这些突发事件，为以后的应对危机情况积累实战经验；第二，保全了老板的面子，也就保全了自己的面子。在公开场合，你帮老板保全了面子，你跟老板是一个团队，那么，你脸上也有光。

相反，当老板面对这些突发事件时，如果你无动于衷地看着老板丢尽面子，那么，你的这种表现就可能成为老板手中的把柄，就别指望在公司里有好的发展了。那么，如何才能保全老板的面子呢？你要及时跟老板传递信息，让老板自我改正，方法有以下三个（见表4-2）：

表4-2　保全老板面子的三个方法

（1）使眼色，提醒老板	当老板发生严重口误时，可以用眼色提醒老板。老板往往会从你的眼神里领会你的意思，从而找出错在哪里，及时改正。
（2）举手提示	老板往往喜欢拿着文稿讲话，如果发现严重口误，你可以先举手，然后站起身说："刚才那个地方，是不是文稿打印错了？"老板马上心领神会，借机更正错误。
（3）避开老板被大客户批评	一旦发现老板被不敢得罪的大客户批评时，最好的方法就是赶快离开。如果还有不识相的同事在场，就找个理由把他支开。

事实上，任何一个老板，都需要他的高管在公开场合时刻与他站在一起。他做得对时，需要下属们大力支持；他做得不对时，也要下属们大力捍卫，这是老板一种不可置疑的心理和态度。

在突发事件面前，老板需要下属在合适的时候挺身而出，从而避免让老板丢更大的丑，这不仅需要高超的职场政治敏感，还需要灵活的处理技巧。

有时候，单纯的业务能力并不能代表一个下属在公司的地位。我们常常看到一些碌碌无为的下属得到老板的重用，很多人对此不理解。实际上，中庸的下属往往是老板更需要的权威捍卫者。因为对老板而言，他真正需要的是保证自己那种"自我实现"感得以维持，以及保持自己在下属中的权威形象。

毋庸置疑，在下属面前丢尽面子，对任何一个老板都是非常尴尬的事情。如果职场人士不幸成为老板丢尽面子的见证者，最好的办法就是，通过自己努力，尽可能保全老板的面子。

当然，有些老板会忘了自己丢面子的事情，但是当老板看到见证者的你，会勾起他痛苦的回忆，此时，你要做的是尽早走开，回避一下。

一旦老板发现你袖手旁观，那么，老板会把自己丢尽面子的怒气发泄到你的身上，这样，你想获得加薪和晋升的机会，就难于上青天了。

一直被公司作为重点培养对象的朱南，突然被老板辞退了。很多同事非常不理解老板为什么这样做，因为一方面朱南的销售业绩排在公司的前列，另外一方面老板在多个场合下直言朱南是未来的接班人。但现在老板为什么突然辞退了朱南呢？

同事张敏直言相问，朱南才道出了自己被辞退的真相。

前不久，老板在朱南的陪同下，参加了一个高新技术产品洽谈会。中午用餐时间，有一个人阴沉着脸，冲他们走过来。

朱南一下子就认出，这个人是他们公司曾经的竞争对手，因为在一次竞争中被彻底打败，不仅让其所在公司蒙受了巨大的损失，而且他自己也被公司辞退了。

于是他对朱南的老板怀恨在心，从竞争对手变成了“你死我活”的敌人，他甚至扬言让朱南的老板“等着瞧”。不巧在这次洽谈会上两人遇见了。

想到这位曾经的竞争对手放出的狠话，朱南有些胆怯了，而老板却对朱南说："不必怕，小心他就是了。"

此时，朱南还没有缓过神来，那个人已经走到他们对面。突然，这人将一杯葡萄酒向朱南老板的脸上泼去。由于躲闪不及时，老板被泼了个正着。就在老板用纸巾擦拭时，那个人已经潇洒地走了……

当朱南明白怎么回事时，老板已经生气地离开了餐桌，所有用餐的人都好奇地张望，有人还窃窃私语。

从此，朱南的日子就难过了，老板也不像当初那么培养他了。只有朱南自己心里最清楚，老板是对上次自己的表现耿耿于怀。原来，老板当时曾告诉朱南，让他去挡住那杯酒；或者在对方还没泼出酒的时候，朱南先把酒泼到对方脸上；或者干脆冲上去揍对方一顿，反正不能让对方那么潇洒地离开。但朱南并没有做到，束手无策还袖手旁观了那一幕。

老板不再赏识他，朱南后悔也已经晚了。他只有通过努力工作，为公司多创造效益来弥补对老板的歉意，但最终无济于事。

在年底的裁员中，朱南被裁掉了。人事部在朱南的解聘通知书上写的辞退理由是："缺乏灵活处理问题的能力。"

由此可见，在很多时候，当老板面对突发事件时，作为下属，必须积极应对这个突发事件，而不是做一个事不关己的看客。就像上述案例中的朱南，面对突发事件，其实是完全可以及时应对的，至少该有所表现，而朱南却不知道该如何应对，结果因此被辞退。

退一万步讲，如果朱南没有应对这样突发事件的能力，最起码就应该赶快离开，而不是目击老板被曾经的竞争者泼洒一脸的葡萄酒。

从老板的角度来看，作为一起参会的朱南，有义务保全自己的面子，哪怕只有一丝希望，朱南都必须冲上前去保全老板的面子。即使最后的结果不尽如人意，保全不了老板的面子，老板也会理解朱南。朱南在突发事件面前无动于衷，束手无策，被辞退也是理所当然。

3.提意见不能顶撞老板

在一些影视剧中，我们经常看见一些中层经理据理力争，强烈要求实施自己的策划方案，在他的强烈要求下，老板总是向他妥协，答应了他的要求。

但在现实中，特别是那些民营企业中，强势的老板大都不可能妥协，最后受伤的往往是那个提出建议的那人。

可能有读者会问，下属是不是不能给老板提建议，或者作出决定呢？答案是否定的。下属当然可以建议，有时也可作决定，但要讲方式方法，要顾及老板的面子。

当下属发现老板的错误，给他提出正确的建议和意见，促使他改正时，必须讲究策略。不管老板是对还是错，都不要正面顶撞，而是要保全老板的面子，这样才能更好地让老板接受你的建议。

让老板接受你的建议和意见，这可不是一件容易的事情。原因主要是，在很多企业，老板往往不愿意听取不同的意见，特别是反面意见。

在老板看来，下属所提的反面意见往往说明自己的决策是错误的，这对许多中国老板而言，是很丢份儿的事情，也很没有面子。

如果下属发现老板的决策的确是错的，该如何提建议呢？作为下属来说，当得知老板的决策错误时，一方面要选择合适的场合和时机，比如私下和老板商量该决策。在和老板商量时，提出更有利于公司发展的建议和意见，这比直接指明老板的决策错误，更容易让他接受。另一方面，要注意提建议和意见的方式。一般情况下，下属在提建议和意见时，必须站在老板的立场上，换位思考，所提的建议和意见才可能让老板接受。而且，下属提建议时，要强调自己这么做的目的，让老板清楚：你提出不同意见是为了公司更好地发展，也是在维护老板的面子。

所以，下属的建议和意见，只有在充分保证老板面子不受损害的前提下，才容易为老板接受，才不会给自己带来不必要的麻烦。

下属给老板提出合理的建议，同时还给老板保全了面子，这无疑会令老板欢喜。老板要面子，主要是为了在公司员工中树立权威和威信。因此，下属要想得到升迁，必须想办法让老板更有面子，从而得到老板的关注。

聪明能干的下属，往往有能力让老板更有面子，因为他们能够通过适当的方式，把“美丽的光环”戴到老板身上，而老板也心知肚明他这个光环是怎么得来的。

桑克大学毕业后，由于学的是酒店管理专业，于是到一家酒店当了服务员。

3月的一天中午，正值桑克当班时，有几个顾客离开酒店不久后又返了回来。这几个顾客说身体不适，怀疑饭菜有问题，要求赔偿，而且非要见酒店老板。

大堂值班人员让这几个顾客拿出证据，顾客不理，于是就跟那几个顾客争执起来。双方吵得很激烈，眼看那几个顾客就要动起手来。

酒店老板听到吵架声，从楼上下来，走过去问怎么回事。

大堂值班人员看看老板，又看看那几个凶神恶煞的顾客，一时不知如何是好。

这时，桑克冷冷地对老板说："这件事与你无关，请走远点。"

那几个顾客接着嚷："让你们老板出来，不赔偿就砸酒店。"

老板一下子明白了桑克的意思，立即转身走开。

桑克看出了那几个顾客是来敲诈的，于是他假装去找老板，打电话报了警察。

桑克的行为给老板留下很好印象。不久，老板就提拔桑克做了酒店的办公室主任。

在很多时候，给老板提意见也是一门艺术，不仅要注意方式和方法，而且必须考虑到老板对意见的接受程度。

由于给老板提意见时，极有可能要指出老板的某些缺点和错误，而对于讲面子的中国老板来说，没有一个人愿意将自己的缺点和错误暴露在别人面前。

在这样的背景下，下属给老板提意见时，一旦没有把握好方法和方式，通常会伤及老板的面子，不仅不能起到纠正老板决策失误的作用，相反，还会引起老板的反感，甚至是厌恶。

即使老板清楚自己有缺点和错误，他也会碍于自己的面子不会主动积极地纠正，相反，他往往还会坚持。因此，下属在给老板提意见时，必须讲究方式和方法，并注意场合和时机，尽可能保全老板的面子。事实证明，只有在保证老板的面子不受损害的前提下，下属给老板提的意见才更容易为老板所接受。

科德尔·赫尔是罗斯福总统的国务卿，是一名善于向领导提建议的下属。在任国务卿期间，科德尔·赫尔向罗斯福总统提意见时，总是采用轻松的方式，让罗斯福在嬉笑中接受自己的意见。

在参加一次内阁会议时，罗斯福总统稍稍迟到一会儿，于是抱歉地说：“噢，对不起，我迟到了，刚才在家有人顶撞了我，他说我说话太多了，他永远没有机会插一句嘴。”

罗斯福总统一边笑着，一边将这件事告诉阁员们，然后罗斯福转过头来对赫尔说：“国务卿先生，你同意这句话吧？”

赫尔回答说：“哦，总统先生，开会之前，有几名新闻记者闯到国务院来采访我，说有人认为白宫的膳食很好，希望得到我的意见。我告诉他们说：‘我从来没有吃过白宫的饭’。他们惊讶地喊道：‘什么？我们知道你经常在白宫吃午饭。’我说：‘这话不错，不过我在往白宫之前总是先吃过饭，然后在总统府吃饭时，我才有机会说几句话。’”

作为下属，赫尔的讲话是非常有技巧的，赫尔说完这番话后，罗斯福总统以后就注意让别人发表意见了，这说明罗斯福总统已经接受了赫尔的建议。

其实，给老板提意见的方法很多，有的下属喜欢欲抑先扬的方式。无疑，这是一种非常好的给老板提意见的方法。

这种欲抑先扬给老板提意见的方法，其要旨在于，当下属给老板提意见时，往往不会直接指明老板的某些缺点或错误，而是尽可能肯定老板的某些做法，尽可能地按照老板的思维和行事逻辑来进行论证。可以找出老板自己得出的数据，从而论证出老板决策错误，这样当老板发现错误时，往往更乐于去纠正。

在中国历史上，许多大臣在劝谏帝王时都采用这种方法，因为这种欲抑先扬的方法，既不让帝王丢掉面子，又让帝王发现自己的过失，从而有效地纠正了帝王的缺点或者错误，不达到给帝王纳谏的目的，同时也避免了损伤帝王的面子，

D公司老板饶显威经常对下属说："我可算得上是白手起家。"

的确，该公司是饶显威一手创立的。这样的创业经历也造成了饶显威"一言堂"式的管理。除了公司的几个副总，还有企划部经理赵晓秦，其他人很少能在饶显威面前说个"不"字。

赵晓秦和老板的关系相对要近一些，但在向老板提意见时，赵晓秦也常常是小心翼翼，如履薄冰。

赵晓秦从来不直接对饶显威说"不"，总是用"先肯定，再否定，后安抚"的"迂回策略"。

比如上一次饶显威提出十一国庆节期间组织员工度假放松一下，但饶显威指定的地点是那个他们已经去过N遍的遵义会议会址。

赵晓秦想，要再去已经去过N遍的遵义会议会址，不仅达不到放松休息的目的，搞不好还会引起一部分员工的怨言。但是这些话赵晓秦怎么能和饶显威直说呢？

在开会宣布度假决定的时候，赵晓秦满口赞成饶显威的建议，并把"指示"记在了本子上。

等开完会，赵晓秦找了个机会，向饶显威说明了情况，并向饶显威推荐了一个更好的去处。

听了赵晓秦的话，饶显威果然改变了自己的决定。

既在大会上保全了老板的面子，又履行了企划经理的职责，赵晓秦的这个"弯"绕得还是值得的。

本案例中，赵晓秦的做法值得职场人士学习和借鉴。在给老板提建议时，对老板的意图不能强硬抵抗，也不能不讲情面胡乱批评一通，提出一大堆的意见来。试想一下，如果你自己是老板，有下属这样乱批你一通，你也未必接受下属的意见。人都是讲自尊的，都不想被反对。因此，在给老板提建议时，必须要照顾到老板的面子，以适当的方式将意见表达出来，这样才会增大老板对你的意见接受的可能性。

在上述案例中，赵晓秦面对强势的老板的命令，是很难说出“不”字的。但是，赵晓秦完成了一项一般人不可能完成的任务，他打破常规，以“先肯定、后否定、再安抚”的迂回策略，改变了老板的命令，达到了提建议的目的。

因此，对于职场人士而言，不管老板下达的是什么样的命令，作为下属的我们，都必须要用肯定、积极的回答来作为回应老板命令的起点，然后找个机会向否定过渡：“您的要求可能由于某种原因我们暂时还做不到……”

当下属这样说明情况后，再向老板推荐自己的看法或建议，最后再强调自己的积极态度，作为对老板的“安抚”：“不过请您放心，我们一定想办法尽快完成！”

绕个弯说“不”，既保全了老板面子，又履行了员工的职责，何乐而不为呢？即便老板从善如流，员工也不能意气用事到与老板说话不讲究场合。如果老板的某个指示刚说出口，你就立刻表示反对，老板难免产生逆反心理。你可以过些时间再把你的想法告诉他，那样更容易让老板接受。

二、强者面前要懂得示弱

在很多场合，一些人常用“毫不示弱”这个词来形容一个人的行为。不过，要想成为职场上的常青树，成为一位标杆式的打工皇帝，就必须懂得示弱。事实上，只有少数人做得到示弱，并且坚持到终点，当然这需要智慧和勇气；如果时时处处都不示弱，可能在某一个时段内能得到一时之利，但却不能成为最终的胜利者。

倒是那些时时处处懂得示弱的人，凡事似乎是在忍让，凡事不逞能，凡事不占先，但他们一旦认定目标后，往往持之以恒，即使遭遇困难和挫折也绝不灰心，而是泰然处之，结果往往成为胜利者。

1.强者面前要示弱

在高手如云的职场，向强手示弱其实也是一种职场生存策略，因为上司总是害怕下属威胁到自己的权力、威信，以及利益。一旦触及上司的底线，那么，你就可能要为之付出惨重的代价。

就像美剧《实习医生格蕾》所说的：“一般来说，线的存在都是有原因的：为了安全，为了保安，为了更透明……一旦你选择了越过这条线，你自己就要承担风险。”

从这句话中不难看出，无论做任何事情，都需要把握一个度，一旦离开这个度，那么事情就比我们预料得还要糟糕。

2009年热播的电视剧《潜伏》中，男主角余则成非常明白在强手面前要示弱的道理。

在陆桥山面前，余则成表明自己的态度：你们都是中校，而我则是少校，副站长的位置是你们的。

在马奎面前，余则成还是表明自己的态度：你们都是中校，而我则是少校，副站长的位置是你们的。

当然，从逻辑上讲，余则成说得没有错，的确是那样。但是余则成正是利用了强者面前要示弱的攻略，最终在陆桥山和马奎面前胜出。马奎级别比余则成高，主要由于他锋芒毕露，最终死得不明不白。

有读者可能认为是中共情报人员余则成把马奎铲除了，答案并非如此，余则成只是顺应了站长吴敬中想要除掉马奎的心理。

马奎与站长吴敬中根本不是一个级别的对手，马奎被害，真正原因在于他以下犯上。在职场中，有各种各样的示弱需要，但无论何种类型的需要，都是一种智慧的体现。对此，业内专家发现，示弱的类型有以下几种（见表4-3）：

表4-3　示弱的四个类型

（1）性别上的示弱	女人相对于男人来说，在某种程度上更加懂得示弱，正因为这样，示弱使女性拥有了更多的空间。
（2）同类之间的示弱	嫉妒往往发生在和自己年龄、社会地位、经济状况等各方面差不多的人之间。适度地在同事和朋友面前“自贬”一下，会使由嫉妒产生的“摩擦系数”降到最低。
（3）强者对弱者的示弱	在自己明显占有优势的情况下，淡化自己的优势，充分尊重实力不如自己的同事或者其他人。
（4）弱者对强者的示弱	在暂时处于弱者位置的时候，必须懂得示弱，以避锋芒，养精蓄锐，蓄势待发。

从表4-3可以看出，示弱只是一种手段，通过示弱获得成功才是最终的目的。

我们所谈的示弱，并不代表你真正就很弱小。工作中的示弱，其目的是蓄势待发；强者示弱，其目的是展示博大的胸襟。因此，示弱不仅是一种态度，一种独特的行为方式，更是一种生存智慧，一种安全之道。所以，职场人士要懂得示弱，善于示弱，这对于想成为打工皇帝的职场人士来说有百利而无一害。

“鸿门宴”这个故事，相信每位职场人士都看过，那么刘邦为什么没有被项庄刺杀？有人说是因为项羽的妇人之仁。其实不是，如果项羽妇人之仁是不可能带领千军万马的。最主要的原因就是，刘邦懂得在强者面前示弱，从而能够顺利离开鸿门宴现场，最终建立起汉朝。

刘邦的做法提醒每一个职场人士：示弱在职场中得到的益处是显而易见的。很多职场人士，特别是刚参加工作的年轻气盛的人，在他人面前都是“天生牛犊不怕虎”，一点示弱的特点都没有，总是不服气，处处跟人比，结果却处处碰壁，处处不如人。在实际工作中，当有同事的业绩超过自己时，心中就非常不服气，就会毫不示弱地加速追赶，甚至在逞强的过程中诋毁同事。这样做，结果不但没有超过同事，相反往往会被老板辞退。

其实，在职场中示弱又何妨呢？在那些所谓的强势者面前，示弱并不会减少自己的收入，也不会降低自己的地位，相反，自己还会因为懂得示弱得到平稳和谐、从容淡定的可持续发展。

研究发现，那些不懂得示弱的职场人士，主要原因是他们碍于面子，不好意思示弱。在他们的意识中，“宁输里子不输面子”，只想争口气，有好斗思想，所以才不愿意示弱。

当我们真正明白职场的时候就会发现，其实，曾经被我们很看重的所谓面子，根本就不值一提。因此，职场人士必须要树立正确的工作心态，始终保持良好的工作心态，这样才能真正地懂得示弱的含义。

如前所述，示弱并不是真正表示弱小，只是一种人生态度。甚至可以这样说，懂得示弱的职场人士往往是职场的强者，就像电视剧《潜伏》中的余则成，尽管他非常懂得“示弱”，然而，余则成却是整个争斗中的大赢家。反观余则成的职场哲学，靠的就是示弱的职场攻略。

因此，在职场中奋斗的那些甘愿示弱的职场人士，时时处处谦虚谨慎，总是为他人考虑，为人行事低调，这并不代表他真的是一个弱者，恰恰说明他已悟到了职场的最高境界。应该说，这样的人，才是职场中真正的强者！

王选不仅是中国科学院院士、中国工程院院士、第三世界科学院院士，而且还是汉字激光照排系统的创始人。

王选为中国的发展作出了很大的贡献，然而王选却懂得示弱。有媒体报道，王选曾对科技领域的人才分过类，他用了一个非常形象的比喻：第一种是能向猎人指明兔子在哪里的人；第二种是打兔子的人；第三种则是捡兔子的人。指明兔子在哪里的人就是指明科研方向的人，打兔子的人是进行科技攻关的人，而捡兔子的人就是让科技在经济领域产生效益的人。

有媒体记者曾笑问王选属于哪种人，王选则坦言说：“我属于第二种人，其他两个方面是我的弱点。”

其实，在激光照排领域，王选取得了具有历史性的突破，没有人会怀疑他在各个方面的成功。如果仍以“猎人打兔”为喻，王选最先发现激光照排的科研方向，应该是指明兔子在哪里的人。王选又是最具实力和开拓力的科技攻关者，同时又是应用于印刷领域，改变中国印刷历史并产生巨大效益的第一人。

取得如此成功的王选，却还如此谦虚，这正是他示弱意识的体现。对此，媒体揭露说，王选的示弱精神还得从20世纪90年代说起，当时王选作出一个让所有人都无法接受的决定：退出科研设计第一线，理由是他不能胜任现在的设计工作。

许多人对王选的决定感到不可思议，王选说了这样两件事。第一件事情发生在1993年春节，王选连续工作了半个月，进行了一项试验，但一位学生看了王选的设计方案后说：“王老师，你设计的这些都没有用，IBM的计算机总线上有一条线，可以替代你的所有设计。”王选十分惊讶，后来发现，他的学生是对的。

第二件事发生在1991年，方正公司91设计方案即将上市之前，突然发现计算机芯片在处理图形方面存在漏洞，于是王选告诉了负责技术攻关的三个资历较浅的年轻人。王选根本没指望他们能想出对策来，但其中一位学生很快就想出了妙策，成功地解决了这一问题。

纵观古今中外许多功成名就的伟人，很少有像王选院士这样自曝弱点和自我贬损的人。然而，正是王选院士在工作中懂得示弱的谦虚精神，才使得北大方正公司仅仅用了八年的时间，就成为中国知名品牌。

王选院士的成功警示我们每一个职场人士：在强者、弱者面前都敢于示弱，这其实是一种悟透职场智慧的哲学。如果一个强者也能保持示弱的精神，那么他成为打工皇帝的目标一定能实现。

“有一种胜利叫做撤退，有一种失败叫做占领。”这是毛泽东同志对延安战略性撤退的准确评价。这句话对于理解适时示弱非常重要。确实，在通往打工皇帝的路上，特别是在时机不成熟或者条件不利于自己成为打工皇帝的时候，适时地后退，是为了前进，这不仅是一种智慧，更是一种明智的胜敌之策。无论你是一个初入职场的新人，还是一个小有成就的部门经理，都不妨示弱，只有这样，才有可能成为打工皇帝。

职场人士采用示弱的办法应对职场的诸多不确定性，可说是一种积极的应对策略。有人认为，职场人士采用示弱的办法就是消极退让的行为，其实这样的观点是不正确的。事实证明，若想在职场中与同事、上司、老板相处得更好，职场人士就必须懂得谦恭礼让。所以说，一个人要想成为打工皇帝，最重要的是必须懂得示弱。

2008年，美国计算机博士查尔斯试图寻找到一份工作，然而，由于经济危机的影响，很多公司都在裁员，很多公司也就不可能录用他。

查尔斯思前想后，决定收起所有证明，以一种“最低身份”去求职。

一周后，查尔斯被一家公司录用为程序输入员，这项工作对查尔斯来说简直就是高射炮打蚊子——大材小用。但是，查尔斯对他的工作一丝不苟，非常努力。

半个月后，老板发现查尔斯能看出程序中的错误，并不是普通的程序输入员，于是查尔斯拿出学士证，老板给查尔斯换了个与专业对口的岗位。

没多久，老板发现查尔斯经常会提出一些比较独特和有价值的建议，远比一般的大学生要了解得多。

在这个时候，查尔斯又拿出了硕士证，老板又把查尔斯调到了比较高的职位。

两个月后，老板感觉查尔斯还是和别人不一样，所以就对查尔斯“质询”。在这个时候，查尔斯才拿出了博士证。老板对查尔斯的水平有了一个全面的认识，就重用了查尔斯，让查尔斯成为该公司的副总。

在上述这个案例中，博士懂得示弱，不仅赢得了老板的认可，同时也为自己成为打工皇帝打下基础。

博士的做法警示每一个职场人士：示弱不仅仅是每一个职场人士的最高哲理，更是一种最佳处世智慧。

当然，无论何种形式的示弱，都应做到适度适时。如果职场人士过度示弱，就会给上司、老板、同事一种虚伪或真正弱小的印象。

职场人士必须清楚，示弱不仅要适度，更要懂得适时，该示弱的时候就示弱，不该示弱的时候就不能示弱，应讲究原则和把握火候，否则只会事半功倍。正如俄罗斯心理学家库斯洛所说：“示弱和坦然，才是自我心理最强的防御。”

2.故意暴露一些小缺点

很多职场人士都可能走进一个误区，那就是给上司或者老板以及同事一个完美的形象，没有一点瑕疵。

当然，我们非常理解这类职场人士的想法和做法，但是，笔者却不赞成这种做法。因为美国哈佛大学心理学教授霍华德·加德纳曾对15000名不同层次的员工做了对比和研究，结果表明，敢于暴露缺点的职场人士更容易成功。

也就是说敢于暴露缺点的职场人士能够更加客观地认识自己的缺点，赢得老板关注的几率会大大增加。因为这部分职场人士不怕露怯，相对要坦率一些。相反，想方设法“藏短”、不敢正视自己缺点的人，往往害怕老板发现自己的缺点，从而小心翼翼，这样很难取得成就。所以，在职场上，一定要敢于暴露自己的缺点。

在电视剧《潜伏》中，即使像余则成这样的人，也并非完美。余则成会故意暴露一些缺点给自己的同事看，譬如感情，譬如贪财等，特别是当陆桥山问余则成想不想当副站长时，余则成回答是，做梦都想”。但是，余则成马上告诉陆桥山：自己是少校，副站长的位置非你莫属。陆桥山笑了。

还有李崖问余则成“想不想当副站长”，余则成的回答同样是“做梦都想”。但是，他又表示自己是少校，副站长的位置非陆桥山莫属。

余则成就是要在陆桥山、李崖这两个强大的对手面前，故意暴露一点缺点，打破自己的完美形象，麻痹对手，从而最后取胜。

余则成之所以能够出色完成中国共产党给他指派的工作任务，与他懂得故意暴露一些小缺点不无关系。

事实证明，在职场上，如果一个职场人士过于完美，毫无缺点，这样的人不仅会遭同事们嫉恨，甚至老板也对他敬而远之。

如果连上司或者老板都对你敬而远之，那你的职场之路就非常危险了，更不要说成为打工皇帝了。因此，职场专家告诫职场人士，在职场上，要懂得故意暴露一些自己的缺点，尤其是那些无关痛痒的缺点，让上司或者老板，以及同事们以为他能拿捏住你。如果你做到了，那么你的职场之路才是最安全的。

当然，这里职场专家所说的故意暴露一些自己的缺点，这个缺点其实对自己无大碍，绝不能是自己真正的短处。

敢于暴露缺点的人更容易达到自我实现的目的。在美国著名心理学家亚伯拉罕·哈罗德·马斯洛眼中，最成功的人是达到了自我实现，也即最充分地发挥了潜能，使自己趋于完美的人。

亚伯拉罕·哈罗德·马斯洛得出这样的结论，是建立在他对企业、教育等各个行业从业人员跟踪和研究的基础上的。马斯洛最后得出的结论是：自我实现的人具有的特点有好几个，但是排在第一条的就是能够接纳自己的不足与缺陷。

马斯洛研究发现，那些能够接纳自己缺点的人，往往不会因为自己的过失而过分自责。让马斯洛意外的是，能够接纳自己缺点的人，通常会以积极的态度去改进自己的缺点，而对那些不可改变的缺点，他们则会顺其自然。因此，能够接纳自己缺点的人，一方面会不断进步，从而克服自己的缺点；另一方面又会悦纳自己，对自己感到满意。显而易见，能够接纳自己的缺点，正是那些具有标杆式打工皇帝的典型特征。

华为创始人任正非十分赞同马斯洛的观点，在华为优秀党员内部座谈会上，任正非做了《不要做一个完人》的讲话，他说道：“我的缺点和劣势是明显的。大学时代，我没能参加共青团，因为优、缺点太明显。我在军队这个大熔炉里，尽管非常努力，但也加入不了共产党。我加入共产党是在粉碎‘四人帮’以后，上级领导认为我有重大贡献，在其直接干预下，我才加入。我并不埋怨任何人，他们的确指出了我的不足。我们公司以前有位员工，后来去了美国，他走的时候跟我说：‘你这个人只能当老板，如果你要打工，没有公司会录用你。’”

任正非作为一个中国企业家，都在公开场合承认自己的缺点，更何况我们呢?

毋庸置疑，任何一个职场人士都不可能没有缺点，但是有的职场人士总想在同事面前展示自己的优点，乐意接受表扬；而对于批评，就尽可能回避，甚至很抵触。这是一种不正常的心理状态，也是一种不健康的职场心理。

其实，员工在工作中犯错在所难免，正如马斯洛研究的那样，能够接纳自己缺点的人，才是真正能够成为打工皇帝的人。有了小错误被上司或者老板批评，职场人士就把这些批评当做改进自己工作的动力，放松心态，正确理性地看待，就能避免重大失误的发生。对于职场人士而言，批评并非都是坏事。

职场人士能够主动暴露自己的缺点，就是心理素质过关的一个表现，也是及时修正自己缺点的一种方法。一味回避错误，就不可能及时改正，不利于自己的成长进步。只有敢于正确面对缺点的职场人士，心理才够坚强。所以，一个合格的职场人士，必须懂得“傻”到好处。

华人心理学家赵志裕教授研究发现，客观认识自己的缺点，能使我们更有动力去学习和工作，借以克服自身缺点，借此提高学习和工作成绩。

由此不难看出，敢于暴露缺点的人更有学习和工作的动力。

3.吃透忍辱负重的真正含义

要想在职场上有所作为，就必须懂得忍辱负重的真正内涵。翻阅各种资料后发现："忍辱负重"这个词最初出于晋·陈寿《三国志·吴志·陆逊传》："国家所以屈诸君使相承望者，以仆有尺寸可称，能忍辱负重故也。"。对该处忍辱负重的解释是：忍受耻辱，承当重任，指为了重任而忍受暂时的屈辱。

我们现在大都用来夸赞那些能够顾全大局、忍受屈辱、担负重任的人。在一些重要的历史时刻，忍辱负重能够改变历史。

常言道："有人的地方就有江湖，有江湖的地方就有纷争。"对今天的职场人士来说，在某种程度上同样需要忍辱负重，因为职场战争不亚于国与国之间的战争。特别是对于那些初入职场的新人而言，他适应新环境的规则需要有一个过程。而在这个过程中，新员工要与已经熟悉规则的上司、同事一起工作。在与他们的共事中，上司、同事往往要求新员工按照公司既定的规则来做，这个过程中肯定少不了摩擦。

在这里，我们特别提醒那些在职场中尚未有建树的新人，必须懂得忍辱负重，绝对不能逞一时之快任性使气。如果与上司或者老板闹翻，虽然也许表面上你赢得了所谓的面子，却只能激化你与上司或老板之间的矛盾，到最后吃亏的当然是你。相反，如果你懂得忍辱负重，就会赢得上司或老板的认可，还能赢得一个光明的未来，何乐而不为呢?

电视剧《潜伏》中，余则成在很多场合经常保持沉默，偶尔才笑一下。因为余则成懂得只有忍辱负重，才能为新中国的成立建功立业，否则不但没有机会建功立业，反而会搭上自己的性命。

职场上也是如此。职场人士只有忍辱负重，才能在职场上生存和发展下去，才有可能得到上司的关注和提升，否则，就有可能被老板辞退。这个道理连古代的越王勾践都知道，难道今天的职场人士还不懂吗?

在中国古代历史上，流传着一个叫做“卧薪尝胆”的故事。

这个故事的大意是说：

在春秋时代，吴王阖闾带兵攻打越国。然而，在一场战斗中，吴王阖闾被越国的大将砍中右脚，结果由于伤势过重而身亡。

吴王阖闾死后，儿子夫差继承了他的王位。

三年后，吴王夫差为报父仇，做了充分的准备，亲自率兵攻下越国的都城会稽，迫使越王勾践投降。

投降后的越王勾践夫妇，被吴王夫差押解到吴国，关在前吴王阖闾墓旁的石屋里，为吴王夫差看墓和养马。

在做俘虏期间，勾践忍受了许多常人难以忍受的折磨和屈辱，为什么？因为勾践懂得忍辱负重的真正含义。也因此，他才最终被吴王夫差释放回国。

回国后勾践一心想报仇雪恨。为了激励自己，勾践在日常生活里特别定了两条措施：

一是坚持“卧薪”。勾践晚上睡觉时从不用垫褥，而是躺在柴铺上，时刻提醒自己国耻未报，不能贪图舒服。

二是坚持“尝胆”。勾践起居的地方挂着一个苦胆，出入和睡觉前，勾践都尝一尝苦胆，以提醒自己不能忘记会稽被俘的痛苦和耻辱。

经过长期的艰苦奋斗，越国终于翻了身，勾践利用有利时机，最终消灭了吴国。

这就是卧薪尝胆的故事。今天人们常用卧薪尝胆来警醒自己，其用意并非要强调报仇雪耻，而是为了达到一个目的，要刻苦自励，奋发图强。

但总有一些人不明白忍辱负重的真正含义，结果为之付出了惨重的代价。三国中的蜀国老板刘备，也许可给我们一些启示。

公元221年，一向礼贤下士、志向远大的刘备不顾赵云等人的反对，亲率大军攻打实力强于自己的东吴，其目的有两个：一为夺回战略要地荆州（今湖北江陵）；二为在保卫荆州时阵亡的关羽复仇。

对于东吴而言，孙权害怕与刘备的战事会招致北方曹操的入侵。思虑再三，孙权派人向刘备求和。而此刻的刘备复仇心切，拒绝了东吴的求和建议。

当孙权得知刘备拒绝求和的消息后，马上任命年仅38岁的陆逊为大都督，率领5万大军，迎击刘备的入侵。

公元222年初，刘备率领大军水陆并进，直抵夷陵（今湖北宜昌东南），在长江南岸的山地上，设置了几十处兵营。

东吴的大将军陆逊见刘备率领的蜀国大军士气正高，又占据有利地形，便采用了坚守阵地、不与交锋的战略。刘备的进攻异常顺利，蜀军还包围了东吴一支在夷道（今湖北宜昌西北）的军队。在这样的形势下，被蜀军包围的东吴夷道军队要求陆逊增援，而陆逊为了有效实施坚守阵地的战略，拒绝了友军的求援，对众将说："夷道城池坚固，粮草充足，等我的计谋实现，那里自然解围。"

面对大兵压境的东吴夷道军队，不知道陆逊的战术，陆逊手下的将领，见主将既不攻击蜀军，又不援救夷道，以为陆逊胆小不敢应战，都很气愤。

为此，陆逊召来众将说："刘备，为人杰也，连曹操都怕他三分，如今他又成为我们的劲敌，我们不可不小心应敌。我希望诸位将军以大局为重，同心协力，共同消灭来犯敌人，上报国恩。我虽然是个书生，但主上拜我为大都督，统率军队，我当恪尽职守。国家所以委屈诸位听从我的调遣，就是因为我还有可取之处，负担重任的缘故，能够忍受委屈。军令如山，违者要按军法从事，大家切勿违反。"

陆逊的这一席话说明了自己的战略意图，众将领也都明白了主将的意思——打持久战。

陆逊打定主意坚守不战，时间长达七八个月，蜀军终于疲惫不堪。最终，陆逊利用顺风放火，取得了最后的胜利。刘备逃归白帝城，不久病死。

尽管刘备被后来很多人称为英雄，但是他却忽略了忍辱负重的真正内涵，只知道逞匹夫之勇，结果为之付出惨重的代价。

比尔·盖茨在接受《华尔街日报》采访时就曾经告诫年轻人说："世界不会在意你的自尊，人们看的只是你的成就。在你没有成就以前，切勿过分强调自尊。"

三、与老板保持适当的距离

在现实工作中，有些职场人士一旦遇到困难或者挫折，往往找一个知心朋友，来倾诉自己心中的不快。这时，知心朋友就是他的精神寄托。

有些职场人士，在潜意识里往往会把老板当做自己知心的朋友，希望与老板之间建立起一种互相信任和互相帮助的超越老板与下属的关系。然而，他们没有想到的是，当他们真正这样去做时，很容易被老板抓住更多的把柄，从而影响了其在职场中的顺利发展。

1.绝对不与上司交心

有很多职场人士想与上司，特别是老板交心，这其实是一个非常愚蠢的想法。因为在任何时候，作为下属，都不要忘记了自己的身份，下属就是下属。

在职场上，作为下属，必须明白，员工与上司之间，特别是与老板之间，有某种对立关系，所以，任何条件下都不适宜称兄道弟，更不适宜把上司或者老板当做交心的对象。因为上司或者老板不是下属交心的对象，除了工作以外，上司的角色就是上司，这一点很难改变。

从这个角度上说，上司或老板和下属的关系仅限于一种工作关系，上司或老板给下属只是提供一个工作机会而已，下属给上司或者老板创造效益。简单地说，就是雇佣和被雇佣的关系。

当然，这样的关系与中国改革开放前的传统企业不同。在中国计划经济时代，一旦员工进入某个企业，在很大程度上就意味着把自己的命运和企业的命运联系在一起了。上司不仅仅要解决职工在工作方面的问题，而且还需要解决职员的生活与家庭问题，比如某个职工夫妻之间闹矛盾，某个职工跟哪位同事之间存在误会，某个职工自己家庭遭遇了什么困难，请上司给亲属安排工作等，都可能找到上司。

然而，在如今市场经济企业里面，如果员工再把与工作无关的事情报到上司或者老板那里，上司不但懒得去管，甚至还会引起他的反感。

事实上，员工与上司或老板之间，并没有什么特殊关系，如果你向自己的上司或者老板倾诉家庭的事情，他们一般会很反感，但碍于情面，一般会提醒说："对不起，现在是上班时间，我很忙。"

上司或者老板都说已经"很忙"了，下属如果还继续把上司或者老板当做交心的对象，倾诉自己心中的不快，那么，下属的举动将会惹恼上司。

此刻，上司往往会阴沉着脸说："你先回去吧，我马上要开会。"这样，你给上司或者老板留下的印象就不只是不好，而是恶劣了。

在很多时候，下属与上司倾诉私事，不但让上司觉得你公私不分，而且还让上司觉得你就是一个没有自知之明的人。一旦给上司留下这样糟糕的坏印象，你恐怕就别指望在该公司里有一个顺畅的职场之路了。一旦遇到经济危机，或者企业遇到困难，裁员的第一批名单上一定有你的名字，即使老板不辞退你，也会将你拉入"黑名单"。

在很多场合下，笔者告诫职场人士，在职场中，作为下属，千万不要与上司交心，也决不能把上司当做知心的朋友，这条捷径是行不通的。

职场人士要想在职场中获得成功机会，最重要的是按照岗位职责，用业绩来赢得上司的青睐。虽然这种方法非常简单、老套，但是这个方法却是最有效的。

当然，如果实在要跟上司交心，必须懂得处理好分寸，即懂得有的放矢。比如在电视剧《潜伏》中，余则成和站长吴敬中的关系就是亦师亦友，可谓是站长的铁杆亲信，两人之间时不时促膝长谈。

当然，这种促膝长谈是种手段，不是真的让你什么都说。在电视剧《潜伏》中，余则成与站长交心，其实他说的都是无关紧要的体已话，目的是为了让站长觉得自己贴心。

事实上，从没一个上司会对下属真的交心。因此，切忌热泪盈眶地跟上司交心，事实证明，被出卖的往往是交心的那个。我们不妨从一个真实的案例谈起。

李荣在北京中关村一家电脑公司任职，主要从事技术服务工作。由于李荣态度较好，技术也挺扎实，深得老板的重视。在同事的眼里，李荣跟老板就像兄弟一样。

这天，李荣像往常一样，依旧加班到晚上十点，老板于是请李荣吃宵夜。几杯啤酒之后，李荣就跟老板交心了。李荣告诉老板："其实，我也想开一家电脑公司，我觉得这样的电脑公司挺挣钱的。"

老板听到李荣的想法，先是愣了一下，而后很快恢复了平静，鼓励李荣说："年轻人就应该有闯劲，我支持你。"

李荣说："我现在的技术还说得过去，但对销售还是一知半解。"

老板说："一边工作一边学习，凭你的能力，再干上两年就能独当一面了。"

李荣说："你放心，两年之内我是不会走的。"

然而，从第二天开始，公司就开始招聘新技术员了，那个周末，公司新招聘了一名技术人员。李荣以为要扩大规模，让自己负责一个新的部门，但是李荣接到的不是任命书，居然是解聘通知。

此刻的李荣一脸茫然，质问老板为什么要辞退他。老板一本正经地说："在我的公司里，你已经没有什么需要学习的了。你应该多干几家公司，多积累点经验。我是从你的自身发展考虑才忍痛割爱的。"

李荣这才幡然醒悟，原来是因为自己跟老板交心，才让老板知道自己的真实想法。

我在一些公司做内训时，拿上述案例来分析，很多人都说，他们也有像李荣一样的经历。

李荣只是跟老板说出了自己的想法，就招致老板的辞退。可以肯定地是，李荣的被辞退并非他工作技能不强，而是李荣犯了一个致命的错误——跟自己现任的老板交心。

因此，业内专家告诫职场人士，在任何一个公司中，不管老板如何信任你，都绝对不能跟自己的上司，或者老板交心。尽管有的上司或者老板性格很外向，在员工的印象中，总是那么平易近人，这样的老板非常容易赢得员工的尊崇，员工往往很快消除自己的戒备心理，把隐藏在内心深处的想法毫无保留地倾诉了出来。

就像上述案例中的李荣，把想开公司的想法通过跟老板交心的方式说了出来，以至于遭到老板的辞退。李荣犯了一个职场中的大忌，所以李荣也为之付出了代价——被老板辞退。李荣的遭遇警告职场人士，即使跟一般同事交流，也不应过多地暴露自己，更何况是跟你的上司交心，否则李荣的下场就是你的下场。

对于员工而言，隐藏在自己内心中的想法，都属于心中的秘密，是不适宜在公开场合曝光的。如果你想成为打工皇帝，那么就必须懂得不与老板交心。否则，你什么想法都跟老板讲了，那么老板就完全掌握了你的所有情况，你就成了老板手中任意宰割的羔羊。

2.绝不打小报告

一提到小报告，我们就容易想到一些影视剧中的情景，它们把那些打小报告的“乱臣贼子”阐释得淋漓尽致。是的，打小报告并非今天职场的专利，在中国古代早已有之。不过，古代的人们不是打小报告，而是称之为“进谗”。

什么是“谗”呢？所谓“谗”，就是指说别人的坏话。之所以加上“进”字，主要是指为了某种目的而说别人的坏话。一般进谗言者为了实现某些不可告人的目的，必须将谗言讲给足以影响被谗者命运的人听，而能足以影响被谗者命运的人，往往都是位高权重的人物，所以称之为“进”。

可能有人觉得打小报告是打击对手的有效手段，如果他真的这么做，那么就大错特错了。众所周知，打小报告这种行为，都是不按正常的组织原则，夸大或无中生有地向上级（这里的上级主要是上司和老板，或者组织里级别比自己高的人）反映别人的所谓“缺点”和“错误”。

在很多情况下，打“小报告”这种不正当的举报行为，要么内容不正当，要么动机不正当，要么手段不正当，要么是数者兼而有之。

作为一个职场人士，特别是想成为打工皇帝的人，要想安稳地在职场上生存下去，就必须懂得在任何条件下都绝对不能打小报告，因为打小报告将可能影响你在老板心目中的形象。研究发现，小报告主要体现在以下四个方面（见表4-4）：

表4-4　打小报告的四个表现

（1）	打小报告的人往往只限于下级对上级。
（2）	打小报告的行为不能在公开场合，特别是大庭广众之下进行，往往都是在没有第三者在场的情况下私密地进行。
（3）	打小报告的内容通常都是针对人的问题，其内容多半是添枝加叶，添油加醋。
（4）	小报告体现在经常性、可操作性强、频率高，事无巨细。

那么到底什么是打“小报告”呢？所谓打小报告，是指一种不正当的举报行为，这样的行为势必遭到老板的鄙视和不屑。

自己不参与这种不正当的举报行为，但是也得防范自己的同事打小报告才行。对付打小报告的同事必须因人而异，方法有以下三个（见表4-5）：

表4-5　对付打小报告的三个方法

（1）	手段高的，用小人以驱逐。
（2）	能力高的，还其以颜色。
（3）	品德高的，待其以宽容。

职场专家建议，要想成为打工皇帝，首先自己要行得正，坐得端，不要让打小报告的同事有可乘之机。

针对如何防范自己不被打小报告，昆明前程培训学校职业规划师郑涛说："在职场中，打小报告从某种程度上与'告密者'是可以联系在一起的，爱'打小报告'的人为何往往能够屡屡得逞？那是因为上司需要知道下属的真实想法。如果是部门领导，他还要知道别的部门有没有危及本部门的情况。部门领导之间大多也是明争暗斗，特别是有利益冲突的。'小报告'既然都是打给上司听的，如果上司是一个实事求是的人，这种'小报告'也起不到多大作用。但如果领导是一个黑白不辨、易听信他人的人，'小报告'就会对被诬陷者构成威胁。"

从郑涛的观点不难看出，小报告都是打给上司听的，如果上司是一个实事求是的人，这种小报告是起不到多大作用的，但如果不是，则一定要加强警惕，不让打小报告者抓住把柄。绝不可以为防范而自己先打小报告，因为这样做，最终吃亏的还是你。

3.不要因为是老板的亲戚就得意忘形

毋庸置疑，对职场人士来说，如果老板是自己的亲戚或者朋友，自己通常有更容易比其他员工获得晋升的机会。

在这里，我提醒这类职场人士，不要因为你是老板的亲戚就得意忘形；或者抱着是老板的亲戚就能成为老板心腹的想法，处心积虑地得到老板的赏识。这样做的结果往往是物极必反。不信，我们来看一个真实的案例。

罗大志是老板的亲戚，没有费多大劲就进了这家科技研发公司。由于罗大志忠诚又好学，经常向老员工不耻下问，很快就赢得了全体员工的认可，特别是赢得了老板的器重。

在很多工作中，老板对罗大志"格外关照"，经常对罗大志的工作亲自指导。当然，罗大志也感激老板对自己的器重。

“士为知己者死”，罗大志还是明白这个道理的，于是他经常积极主动地帮老板办一些无关紧要的琐事。由于两个人是亲戚，又加上住得不远，下班后，老板经常捎上罗大志回家。

渐渐地，罗大志与老板的关系超出了普通的老板与下属的关系。在罗大志看来，他工作做得非常出色，而且还和老板是亲戚，于是，渐渐地，在公司里，罗大志在老板面前也没了一点拘束感。

然而，正是罗大志的这种想法，为他被“发配”埋下伏笔。

有一次加班后，老板跟罗大志说，自己有些要紧事情要处理，不能捎罗大志回家，叫罗大志跟其他同事们一起回家。

罗大志没有在意老板的题外话，只是在公司附近的快餐店很快地用完餐。走出快餐店门口，罗大志忽然想起老板还没有吃晚饭，于是就买了一份快餐送到老板的办公室。

老板办公室的门虚掩着，罗大志跟往常一样，没有敲门就直接闯了进去。他把快餐放到老板的办公桌上，结果看见女同事坐在老板的怀里。女同事和老板先是一阵慌乱，然后又装出谈工作的样子。

罗大志也吓了一跳，赶紧溜了出去。罗大志思来想去，为了表明自己的态度，他给老板发了一封电子邮件：“我是一个开明的人，也是一个宽容的人，我不会把这些事情告诉任何人的。”

不久，公司在一个偏远的地区成立办事处，罗大志被调到了那个谁也不愿去的地方。刚开始，罗大志不想去，他到公司人力资源部质问，得到的答复是：“年轻人需要到基层接受锻炼，公司认为你是一个开明和宽容的人，不会对这次调动持有不同意见。”

罗大志没想到自己向老板表明态度的措辞，竟成了公司“发配”他的理由。第二天，罗大志辞职了。

罗大志的案例警示职场人士，要想成为打工皇帝，必须靠自己的真才实学，靠自己是老板的亲戚或者朋友这样的想法，只能提前终止打工皇帝的梦想。

也有一些职场人士，拿着自己是老板的亲戚和朋友作炫耀的资本，但他们却不知道，这样做的后果必然引起同事的反感和嫉妒。你被其他员工认为是老板的人，是老板的心腹和安插在他们之中的间谍，这样自然容易引起同事的反感，并对你敬而远之。

这类职场人士希望跟老板走得太近，目的可能是得到老板的关照和提拔。但是，在公司政治日益泛滥的企业里，好多老板的亲戚都成为职场战争的牺牲品。下面这个案例中，小张就是一个例子。

小张在一家电子公司任中层管理，手下管着二十多人。一直以来，小张带领的这个团队工作效率都很高，都服从小张的安排。

近日，小张却为老板一个亲戚的事情弄得焦头烂额。事情是这样的：

不久前，老板带了一个人过来，自称是他的表弟，学校毕业后一直没有找到工作，在家玩了半年，需要有份工作，叫小张帮其安排一下，并说要好好地培养他。老板都放下话来了，小张自然不敢怠慢。由于是老板的亲戚，自然省去了招聘面试流程，直接上岗了。

开始，老板的表弟还能准时来上班，虽然没有工作经验，可学习态度还是好的，遇到不懂的都会问，小张还高兴他没仗着自己的关系过来混日子。小张决定培养他，于是，他有什么不懂的，小张总会过去手把手地教他，还嘱咐其他的老同事要多带带他。

但没过多久，他就仗着老板的关系不好好工作，表现让小张失望至极。不知是他的新鲜感满足了还是懒，刚开始的积极态度只持续了十天，接下来他做事总是粗心大意，完不成的任务，小张只好找人帮他去做。

开始小张考虑到他的背景，不能太过责备他，可长此以往这不是个办法啊。这样会助长他的惰性，但小张还是管不住。后来小张实在没了办法，就将事情告诉了老板，老板二话没说就把他亲戚给开掉了。

要想在职场上崭露头角，必须懂得职场生存之道。古话说得好："伴君如伴虎。"意思是辅助君王的大臣，稍有闪失，就会招来杀身之祸。

职场同样如此，与老板共事，如果走得太近，就可能在不经意间触及老板的心理底线，得罪了老板。如果跟老板保持适当的距离，就完全可以避免这种得罪老板的事情发生。

研究发现，老板的底线是最不愿意被下属触及的，哪怕这个员工是老板的亲戚，一旦触及了老板的底线，老板也可能找机会将他踢得远远的，甚至是辞退他。

不管触碰老板底线的下属是有意还是无意，一旦在公开场合，让老板下不了台，那么，下属与老板之间曾有的和谐就会被打破，从此开始朝着不利的方向发展。

参考文献

【美】拉里·博西迪，【美】拉姆·查兰. 执行：如何完成任务的学问. 机械工业出版社. 2007年03月

【美】罗杰·道森. 优势执行力. 重庆出版社. 2010年12月

【美】吉姆·柯林斯. 基业长青（珍藏版）. 中信出版社.2009年10月

【美】费拉尔·凯普.没有任何借口.机械工业出版社.2004年01月

【美】沃格·罗比. 执行，没有任何借口.中国言实出版社. 2005年1月

唐骏，胡腾.我的成功可以复制.中信出版社. 2010年2月

唐骏，沈威风.唐骏日记.安徽教育出版社. 2009年05月

李开复，范海涛.世界因你不同——李开复自传. 中信出版社. 2009年09月

王广勇. 左手马云,右手唐骏. 北京工业大学出版社. 2009年07月

黄凤祁. 像唐骏一样打工.中国青年出版社. 2009年07月

张石. 唐骏——可复制的成功. 中央编译出版社. 2009年01月

余启军. 创业学马云，打工学唐骏. 人民邮电出版社.2010年07月

征程. 唐骏如是说. 中国经济出版社. 2010年01月

肖冉. 唐骏模式：从普通员工到“打工皇帝”的成功之道. 机械工业出版社. 2009年01月

武敬敏，杨秉慧. 规划人生：唐骏向左，李开复向右. 新世界出版社. 2009年04月

舒乾. 三国职场人生.北京师范大学出版社. 2006年12月

宋建成. 忠诚胜于一切. 人民日报出版社. 2007年07月

陈凯元. 你在为谁工作. 机械工业出版社. 2007年03月

曾晖. 员工敬业度的评价与开发. 南开大学出版社. 2008年06月

章义伍. 如何打造高绩效团队.北京大学出版社. 2004年02月

吴甘霖. 方法总比问题多. 机械工业出版社. 2005年01月

臧全金. 别让上司抓住把柄：完美职场生存30天条.北京出版社 .2005年05月

宿春礼，邢群麟.老板也在为我们工作 .光明日报出版社. 2006年05月

周锡冰.简单高效的38种管理规则.中国台湾省全品图书. 2007年10月

周锡冰. 管理无小事. 中国台湾省全品图书. 2007年

余世维. 赢在执行. 中国社会科学出版社. 2005年07月

姜汝祥. 榜样:中国企业向世界级企业学什么. 机械工业出版社. 2005年01月

姜汝祥.真正的执行——箭洞穿执行力. 新华出版社. 2005年01月

姜汝样. 颠覆：中国企业如何向世界级企业看齐. 中国社会科学出版社. 2007年02月

张镦亓. 执行就是走流程. 机械工业出版社.2009年09月

吴甘霖，邓小兰. 做最好的执行者. 北京大学出版社. 2010年01月

陈永亮. 团队执行力. 北京大学出版社. 2009年02月

易发久，白沙. 绝对执行:高效执行力组织的6大系统. 电子工业出版社. 2009年01月

吴甘霖，邓小兰. 执行重在到位. 机械工业出版社. 2008年01月

姜汝祥. 请给我结果. 中信出版社. 2009年05月

王灿阳. 忠诚 责任 执行力. 北京理工大学出版社. 2009年07月

余逸鹤. 责任·荣誉·团队. 工人出版社. 2008年01月

陈凯元.你在为谁工作. 机械工业出版社. 2007年03月

宿春礼，周韶梅. 责任胜于能力. 石油工业出版社. 2006年01月

蓝雨. 责任比能力更重要. 中国商业出版社. 2010年01月

陈凯元. 责任重于能力. 中国致公出版社. 2009年05月

况志华，叶浩生. 责任心理学. 上海教育出版社. 2008年11月

杨宗华，宿春礼. 责任胜于能力 II. 石油工业出版社. 2008年02月

黄德全. 工作等于责任. 中国华侨出版社. 2009年09月

汪建民. 责任比能力更重要. 珠海出版社. 2009年08月

况志华，叶浩生. 责任心理学. 上海教育出版社. 2008年11月

华敏，邵雨. 责任心是管出来的. 机械工业出版社. 2008年05月

臧文滔. 责任心是金——企业团队精神的核心. 工人出版社.2007年11月

张海，李勇. 工作马虎丢掉一只眼.经理日报. 2008 年 11 月 27 日

王洪涛，吕国荣.打工心态究竟害了谁. 机械工业出版社. 2009年03月

孙继滨. 知道力:彻底超越执行力的25条职场新思维. 电子工业出版社. 2011年02月

孙宗虎，王瑞永. 人力资源与行政后勤工作执行流程. 人民邮电出版社. 2010年05出版）

李睿. 狼性执行: 企业如何打造卓越执行力. 石油工业出版社.2010年08月

戴天宇. 超越执行力:科学管理，从科学的制度设计开始. 清华大学出版社. 2010年02月

施伟德.带队伍:中基层管理者执行力法则. 电子工业出版社.2011年03月

郭鹏.执行检讨书:执行不力的十大病因. 广东经济出版社.2010年08月

章岩.赢在中层:中层带队伍的执行力法则.台海出版社.2009年09月

赵丽红.赢在执行力. 中国致公出版社.2009年03出版)

马彪.左手执行力，右手领导力:中层领导的实用管控智慧. 中国纺织出版社.2010年01月

成杰. 做最好的执行者. 中国华侨出版社. 2011年02月

林染. 执行力高于一切.海潮出版社. 2010年11月

陈浩. 执行力. 中华工商联合出版社. 2011年03月

李凯城等. 用思想打造执行力. 当代中国出版社. 2011年01月

王光伟. 产品研发与质量管理工作执行流程. 人民邮电出版社.2010年04月

连云尧. 做最好的执行团队. 鹭江出版社. 2010年08月

张梦初. 如何落实执行力. 中国经济出版社. 2009年03月

数独联盟. 培养有效执行力的200道经典数独游戏. 中国工人出版社. 2010年11月

王志新，金寿松. 制造执行系统MES及应用. 中国电力出版社. 2006年03月

赖新元. 不折不扣地执行. 长安出版社. 2008年01月

赵琛. 复命: 打造以结果为导向的执行模式. 凤凰出版社. 2008年11月

王伟涛. 执行重在到位关键在于落实. 中国纺织出版社. 2009年03月

石磊.坚决服从:贯彻执行力的96方法.经济科学出版社.2010年06月

林少波.正确请示高效执行.中国纺织出版社.2011年01月

佚名. 2010.维护公司利益要从维护公司形象开始. hc360慧聪网. http://info.biz.hc360.com/2005/07/25074032807.shtml

姜仁超. 2010.用真心去维护企业的形象. 沈宏集团网.http://www.singhorn.com/cn/yuangong_shengxun/viewnews.jsp? id=250

李荣生. 2010.IBM：让员工与公司一起成长. 中华管理学习网.http://www.zh09.com/mqyj/IBM/200511/105791.html

常健.民工拾金不昧 感动老板破格聘为员工. 城市快报. 2010年11年03日

佚名. 2010.选择决定命运：如何选择好老板.网易博客. http://ranmaoming.blog.163.com/blog/static/28112229200901382728196/

佚名. 2010.做好职业定位.选择最适合你的工作.中国饰品网. http://www.jewelchina.com/news/newsdetail-53718.html

佚名. 2010.工作三年 为什么我还是不能明确自己的职业发展方向.蚌埠新闻网. http://www.bbnews.cn/zhch/2007/9/30/11384.shtml

佚名. 2010.想求职 先要做好职业规划.搜狐网. http://roll.sohu.com/20101016/n275781209.shtml

王如晨.卫哲年薪超过杨元庆 威胁唐骏打工皇帝地位. 第一财经日报.2010年04月02日

殷恕. 手工布鞋坊胎死腹中.《中国市场》. 2004年第6期

卢宏伟.职场投名状.《故事会》.2010年第五期

佚名.2010.人才也在选择老板. 新浪博客. http://blog.sina.com.cn/s/blog_6081b2920100dl9t.html

佚名. 2010.弃创业选打工 唐骏走出职场第一步.新华网. http://www.yn.xinhuanet.com/employment/2009-06/19/content_16860207.htm

佚名.第一份工作如同你的初恋，该怎样选.C114通信人才网. http://www.c114.net/job/c114job/news.asp? id=10369

于斌2010. 李彦宏的第一份工作.齐鲁晚报电子版. http://www.qlwb.com.cn/display.asp? id=491893

佚名.2010.携程CEO范敏：第一份工作从接发传真做起.腾讯网.http://cq.qq.com/a/20081027/000413.htm

佚名.2010.创业失败：手工布鞋坊胎死腹中.hc360慧聪网. http://info.biz.hc360.com/2006/05/29075547332.shtml

王宇. 2010.找对婆家嫁对郎.读吧. http://www.du8.com/readfree/19/07361/3.html

张军英.2010.经理人的悲惨命运——“卸磨杀驴”. hc360慧聪网. http://info.ceo.hc360.com/2009/04/24082876481.shtml